高职高专艺术学门类“十四五”系列教材

Photoshop CS6 实训教程（第二版）

Photoshop CS6 SHIXUN JIAOCHENG

主 编 成 琨 吴 冰 高 莹
副主编 侯 婷 刘鸿杰 李静媛 余 伟 陈育军 张 宇
参 编 杨 帅 胡小祎 付 军 陈先强

华中科技大学出版社
http://www.hustp.com
中国·武汉

内容简介

本书根据当前社会对高校艺术设计专业人才的培养要求编写而成，注重学生设计思维能力及设计实践能力的提高。本书符合艺术设计高职教学规范，内容系统全面，图文并茂，具有较强的实用性和借鉴性。

本书的主要知识点以实际案例为载体，具有从简到繁和前后相续的特点。教材的编写人员由校内专业教师与校外企业设计师共同组成，符合“校企合作”的教学模式。实例应用的选取和讲解，实用性强，适用范围广，采用实践与理论相结合的全新理念。

本书可以作为高等院校、高等职业院校艺术设计类相关专业学生的教材，也可以作为专业设计人员的培训用书。

图书在版编目（CIP）数据

Photoshop CS6 实训教程 / 成琨，吴冰，高莹主编. —2 版. — 武汉 : 华中科技大学出版社, 2022.5

ISBN 978-7-5680-8168-9

Ⅰ.①P… Ⅱ.①成… ②吴… ③高… Ⅲ.①图像处理软件 Ⅳ.①TP391.413

中国版本图书馆 CIP 数据核字(2022)第 063484 号

Photoshop CS6 实训教程（第二版）
Photoshop CS6 Shixun Jiaocheng(Di-er Ban)　　成琨　吴冰　高莹　主编

策划编辑：彭中军
责任编辑：史永霞
封面设计：孢　子
责任监印：朱　玢
出版发行：华中科技大学出版社（中国·武汉）　电话：(027) 81321913
武汉市东湖新技术开发区华工科技园　邮编：430223
录　　排：武汉创易图文工作室
印　　刷：湖北新华印务有限公司
开　　本：880 mm × 1 230 mm　1/16
印　　张：11.5
字　　数：424 千字
版　　次：2022 年 5 月第 2 版第 1 次印刷
定　　价：69.00 元

前言
Preface

“Photoshop CS6 实训教程”是高等学校艺术设计专业开设的专业必修课程。通过本课程的学习，学生会对 Photoshop CS6 软件的使用有一个系统的、清晰的认识，掌握 Photoshop CS6 的设计要点，同时对艺术设计的后续专业课程的学习奠定扎实的基础。

本书基于 Photoshop CS6 中文版编写，较全面地介绍了 Photoshop CS6 的操作环境和方法，并着重讲述了 Photoshop CS6 在设计实例中的应用。本书各章节的内容以实例的操作演示为基础，以便于理解相关知识点和图像的制作过程。

全书循序渐进、结构合理、层次清楚，力求全面体现艺术设计类教材的特点，图文并茂、案例新颖，集理念性、知识性、实践性、启发性与创新性于一体，在传统教材编写模式的基础上有所突破，更加贴近学生的阅读习惯和学习特点，能激发学生的求知欲，提高专业实践能力。

由于编写时间仓促、编者水平有限，书中难免有一定的错误和欠妥之处，恳请广大读者和相关专业人士批评指正。

编者

目录
Contents

Photoshop CS6 Shixun Jiaocheng

第一章

Photoshop CS6 基本操作

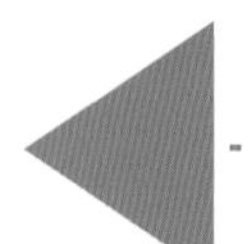

1.1 快速了解 Photoshop CS6

在使用 Photoshop CS6 软件进行图像处理前，需要对该软件有一个全面的认识，了解其特性，知道它能做什么、如何安装等。通过本章的学习，读者可以快速、全面地了解 Photoshop CS6，为后面的图像处理打好基础。

认识 Photoshop 可从其简介开始了解它的基本概念，并通过其应用领域了解 Photoshop 的实用功能，从而进一步认识 Photoshop CS6。

1.1.1 认识 Photoshop

Photoshop 是由 Adobe 公司推出的集图像扫描、编辑修改、图像制作、广告创意设计、图像输入与输出于一体的多功能图形图像处理软件。Photoshop CS6 是 Adobe 公司历史上最大规模的一次产品升级，如图 1-1 所示。与之前的版本相比，Photoshop CS6 通过全新的功能使其在图像处理上的应用更加广泛，满足了不同设计人群的需要。

图 1-1 Photoshop CS6

1.1.2 Photoshop 的应用领域

在学习 Photoshop CS6 之前，需要对 Photoshop CS6 的应用领域进行了解。Photoshop CS6 提供了色彩调整、图形绘制、图像修饰等各项功能，用户可以使用它来制作出超乎想象的特殊效果。Photoshop 的功能不断更新和完善，并被广泛应用于平面广告设计、网页设计、插画设计、数码照片处理及 3D 效果制作等各个领域。

1. 平面广告设计

平面广告设计是 Photoshop 最常用的领域，如图 1-2 所示。它包括海报、报纸广告、杂志广告、画册、宣传单以及包装设计等，其主要表现方式就是通过画面中的文字和图形来表现广告主题，向人们准确传达各类广告信息。

图 1–2　平面广告设计

2. 网页设计

在互联网普及的今天，网络与人们的生活、工作联系越来越紧密，人们对于网络的要求也越来越高。网络在向人们传递信息的同时，也需要有足够的吸引力，一个好的页面不仅能够准确地传达信息，还能带给人美的享受，如图 1–3 所示。

图 1–3　网页设计

3. 插画设计

在现代的设计领域中，插画设计是最具有表现力的设计之一，如图 1–4 所示。它与绘画艺术有着非常紧密的关系。插画艺术的许多表现技法都借鉴了绘画艺术的表现技法。Photoshop 中的绘图工具以及丰富的色彩借助插画大师们的艺术之手可以在计算机中绘制出美轮美奂的插画作品。

4. **数码照片处理**

Photoshop 中的数码照片修饰功能可以帮助人们轻松地编辑或修改数码照片，例如，修复人物皮肤上的瑕疵、调整偏色的数码照片等，通常简单的几步操作，即可得到良好的照片效果（见图 1–5）。此外，利用 Photoshop 还可以对照片进行合成应用，制作出生动有趣的图像。

图 1–4　插画设计

图 1–5　数码照片处理

5. **3D 效果制作**

3D 效果的制作是 Photoshop 强大的图像处理功能的展现，在 Photoshop 中打开 3D 文件后将会保留它们原有的纹理、渲染以及光照信息，用户可以通过移动或变换 3D 框，为其添加、渲染新的纹理，制作出更加有质感的 3D 图像。

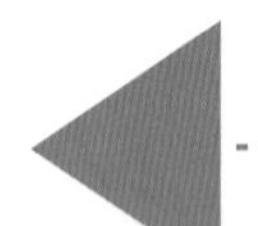

1.2 图像基础知识

在运用 Photoshop 对图像进行处理之前，首先需要了解与图像处理相关的基础知识，熟悉图像处理中常用的相关术语。

1.2.1　像素大小和分辨率

像素和分辨率是影响图像质量的重要因素，在处理图像时，像素和分辨率可控制图像的大小和清晰度，像素越高的图像，其分辨率越高，图像也越清晰。

1. **像素**

像素是构成图像的最基本单位，是一种虚拟的单位，只能存在于计算机中。图像就是由像素阵列的排列来实现其显示效果的，一个图像的大小是可以变化的，在改变像素大小时，不仅会影响到屏幕上图像的大小，而且会影响图像的打印效果。

2. 分辨率

分辨率是指单位长度内排列的像素数目，是衡量图像细节表现力的一个重要参数。通常，分辨率被表示成一个方向上的像素数量。分辨率越高，可显示的像素点就越多，所得到的图像就越精细。

1.2.2 位图和矢量图

位图和矢量图是计算机图形中的两大概念，它们被广泛应用于出版、印刷、互联网等领域，在 Photoshop 中所编辑的图像均为位图图像和矢量图像。

1. 位图

位图也称为像素图像或点阵图像（见图 1–6），它由多个像素组成，其中每一个像素都被分配一个特定的位置和颜色值。位图可以模仿照片的真实效果，具有表现力强、层次多、细腻等特点。在处理位图图像时，编辑的是像素，而非对象或形态，所以将位图图像放大到一定倍数时，就可以看到一个个的像素点，即在缩放位图图像时会产生失真效果。

图 1–6 位图图像

2. 矢量图

矢量图由矢量定义的直线和曲线组成，它根据轮廓的几何图形进行描述，当图形的轮廓被画出后，轮廓可用于描边或是对内部进行颜色填充，移动、缩放和更改颜色均不会影响到图形的品质。矢量图像与分辨率无关，可以将它缩放到任意大小或以任意分辨率在输出设备上打印出来，且都会保留原来清晰的图像效果。

1.2.3 图像文件的常用格式

文件格式是一种将文件以不同方式进行保存的方式，每一种文件格式都会有一个相应的扩展名来标识，扩展名可以帮助应用程序识别不同的文件格式。Photoshop 支持几十种文件格式，主要包括 PSD 格式、BMP 格式、TIFF 格式等。

1. Photoshop 格式

Photoshop 格式（PSD 格式）是默认的文件格式，也是除大型文档格式（PSB 格式）之外支持 Photoshop 所有功能的唯一格式。PSD 格式可以将文件中创建的图层、通道、路径、蒙版完整地保存下来。因此，将文件存储为 PSD 格式时，可以通过调整首选项设置以最大限度地提高文件兼容性，同时，也方便在其他程序中快速读取文件。

2. BMP 格式

BMP（Bitmap-File）格式是 DOS 和 Windows 兼容计算机上的标准图像格式，在 Windows 环境下运行的所有图像处理软件都支持 BMP 图像文件格式。BMP 格式采用了无损压缩方式，存储图像时将不会对图像质量产生影响，它支持 RGB、索引颜色、灰度和位图颜色模式。

3. JPEG 格式

JPEG 格式是一种失真式的图像压缩方式，其压缩比率通常在 10∶1 ~ 40∶1 之间。压缩级别越高，图像品质就越低，所占用的空间就越小。JPEG 格式支持 CMYK、RGB 和灰度颜色模式，但不支持透明度，它可以在保留 RGB 图像中所有颜色信息的同时有选择地扔掉数据来压缩文件。

4. Photoshop EPS 格式

Photoshop EPS 格式是最广泛地被矢量绘图软件和排版软件所接受的格式，将图像置入 CorelDRAW、IL-Lustrator 或 Page Marker 等软件中，就可以将图像存储成 Photoshop EPS 格式文件。若将图像存储为位图格式，在存储为 Photoshop EPS 格式的同时，还可将图像的白色像素设置为透明效果。

5. GIF 格式

图形交换格式（GIF）是在 World WideWeb 及其他联机服务上常用的一种格式，用于显示超文本标记语言（HTML）文档中的索引颜色图形和图像。GIF 是一种用 LZW 压缩的格式，保留索引颜色图像的透明度，但不支持 Alpha 通道。

6. TIFF 格式

TIFF（tagged image file format）格式是一种灵活的位图图像格式，支持几乎所有的绘画、图像编辑和页面排版应用程序的文件格式。TIFF 格式支持具有 Alpha 通道的 CMYK、RGB、Lab、索引颜色和灰度图像，以及没有 Alpha 通道的位图模式图像。

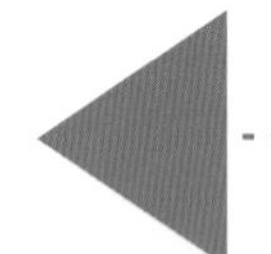

1.3 Photoshop CS6 的启动和退出

对 Photoshop CS6 有一定的了解之后，就可以安装该软件，并对图像进行编辑与设计。Photoshop CS6 的安装方法与其他软件类似，在完成安装后，可以通过多种方法进行该软件的启动和退出。

1.3.1 启动 Photoshop CS6 软件

启动 Photoshop CS6 程序可以通过双击桌面上的快捷图标，也可以通过“开始”菜单启动。

1. 双击快捷图标启动

安装完 Photoshop CS6 程序后，会在桌面上出现一个快捷图标，双击该图标，即可启动 Photoshop CS6 程序，如图 1-7 所示。

2. 从“开始”菜单启动

执行“开始→所有程序→Adobe Photoshop CS6”菜单命令，同样可以启动 Photoshop CS6 程序，如图 1-8 所示。

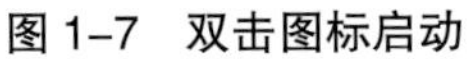
图 1-7　双击图标启动

图 1-8　从“开始”菜单启动

1.3.2　退出 Photoshop CS6 软件

在完成图像的编辑后，可退出 Photoshop CS6 程序。退出 Photoshop CS6 有两种不同的方法，一种方法是利用“退出”命令，另一种方法是使用“关闭”按钮。

1. 执行“退出”命令

完成图像的设计后，执行“文件→退出”菜单，如图 1-9 所示，退出程序。

2. 单击按钮退出

单击 Photoshop CS6 窗口右上角的“关闭”按钮，退出程序，如图 1-10 所示。

图 1-9　“退出”菜单

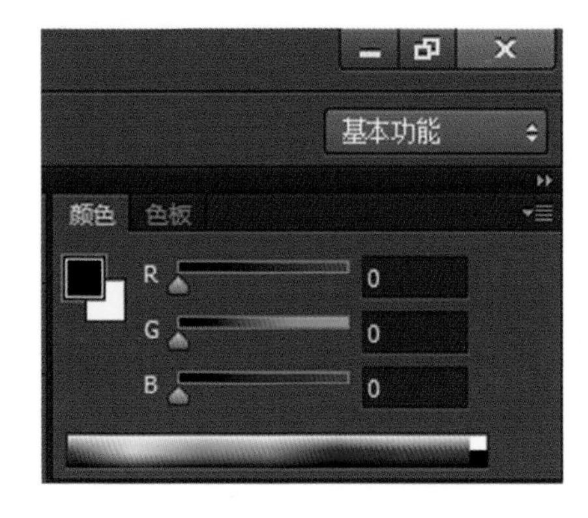

图 1-10　“关闭”按钮

1.4 了解 Photoshop CS6 的工作界面

安装并启动 Photoshop CS6 后，就可进入 Photoshop CS6 全新的工作界面中，整个工作界面在原来版本的基础上做了更深入的改动，不但对面板、菜单进行了调整，同时以更人性化的设计来构建整个界面，使软件操作变得更加得心应手。

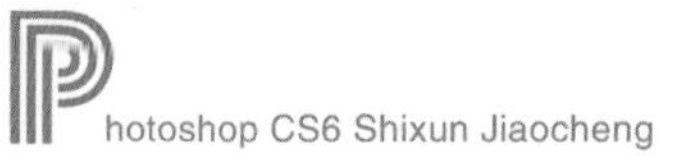

1.4.1　了解 Photoshop CS6 的工作界面

Photoshop CS6 的工作界面以全新的深灰色显示，与之前的版本相比，更加简洁、美观。工作界面去除了应用程序栏，由菜单栏、工具箱、图像窗口、面板、工具栏及状态栏等组成，如图 1–11 所示。

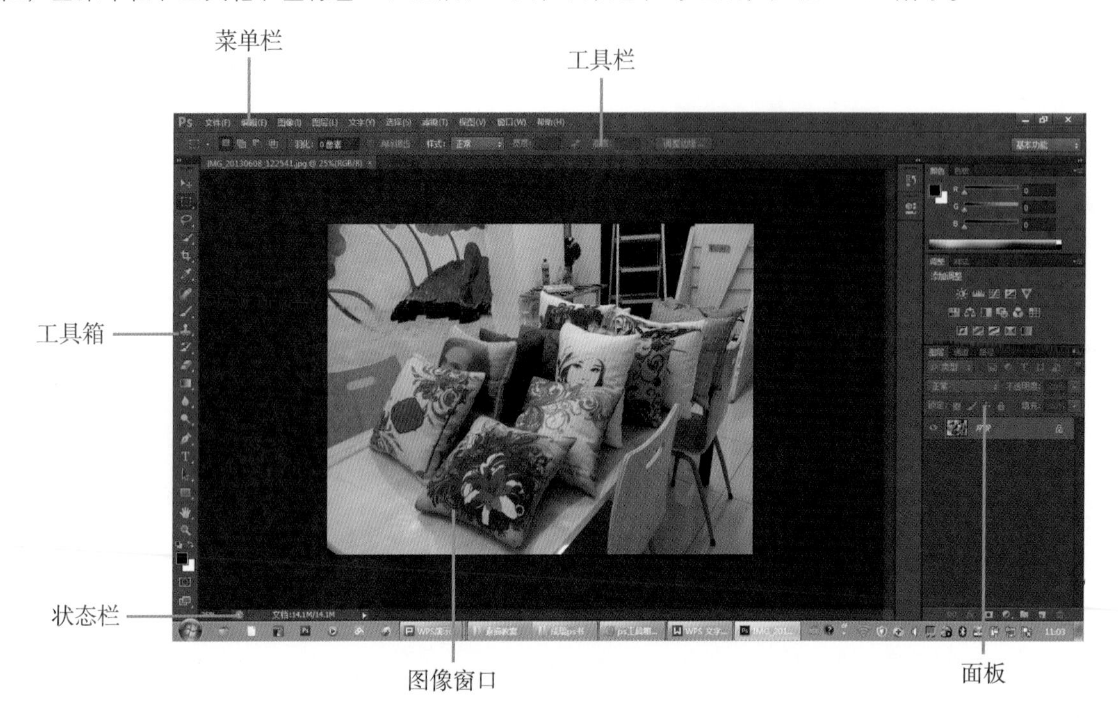

图 1–11　Photoshop CS6 的工作界面

1.4.2　全新的菜单栏

在菜单栏中提供了 10 个菜单，几乎在 Photoshop 中能用到的命令都集中在菜单栏中，包括文件、编辑、图像、图层、文字、选择、滤镜、视图、窗口和帮助等菜单。单击菜单栏中的命令，就会打开相应的菜单。

1.　“文件”菜单

“文件”菜单命令主要集中了一些对文件的操作命令，包括新建、打开、存储、导入、打印等操作。

2.　“编辑”菜单

“编辑”菜单命令主要对图像进行还原、剪切、复制、清除、填充、描边等操作。

3.　“图像”菜单

“图像”菜单命令用于对图像的常规编辑，主要包含对图像的颜色模式、色彩调整、自动调整等。

4.　“图层”菜单

“图层”菜单命令用于对图层的控制和编辑，包括对图层的新建、复制和删除，通过单击对应的菜单命令，即可执行相应的操作。

5.　“文字”菜单

“文字”菜单命令是 Photoshop CS6 中新增的菜单命令，用于对创建的文字进行调整和编辑，包括文字面板的选项、抗锯齿、文字变形、字体预览大小等。

6.　“选择”菜单

“选择”菜单命令用于对选区的控制，可以对选区进行反向、存储和载入等操作。

7. **“滤镜”菜单**

“滤镜”菜单命令包含了 Photoshop 中所有的滤镜命令，通过执行滤镜的相关命令，可以对图像添加各种艺术效果。

8. **“视图”菜单**

利用“视图”菜单命令可对图像的视图进行调整，包括缩放视图、屏幕模式、标尺显示、参考线的创建和清除等选项的设置。

9. **“窗口”菜单**

利用“窗口”菜单命令可以对工作区进行调整和设置，在该菜单命令下，可以对 Photoshop 提供的面板进行显示或隐藏。

10. **“帮助”菜单**

“帮助”菜单命令可以帮助用户解决一些疑问，如对 Photoshop 中某个命令或功能不懂等，都可以通过“帮助”菜单命令寻求帮助。

1.4.3 认识工具箱

工具箱将 Photoshop 的功能以图标的形式聚在一起，从工具的形态和名称就可以了解该工具的功能，将鼠标放置到某个图标上，即可显示该工具的名称，若长按按钮图标，即会显示该工具组中其他隐藏的工具，如图 1–12 所示。

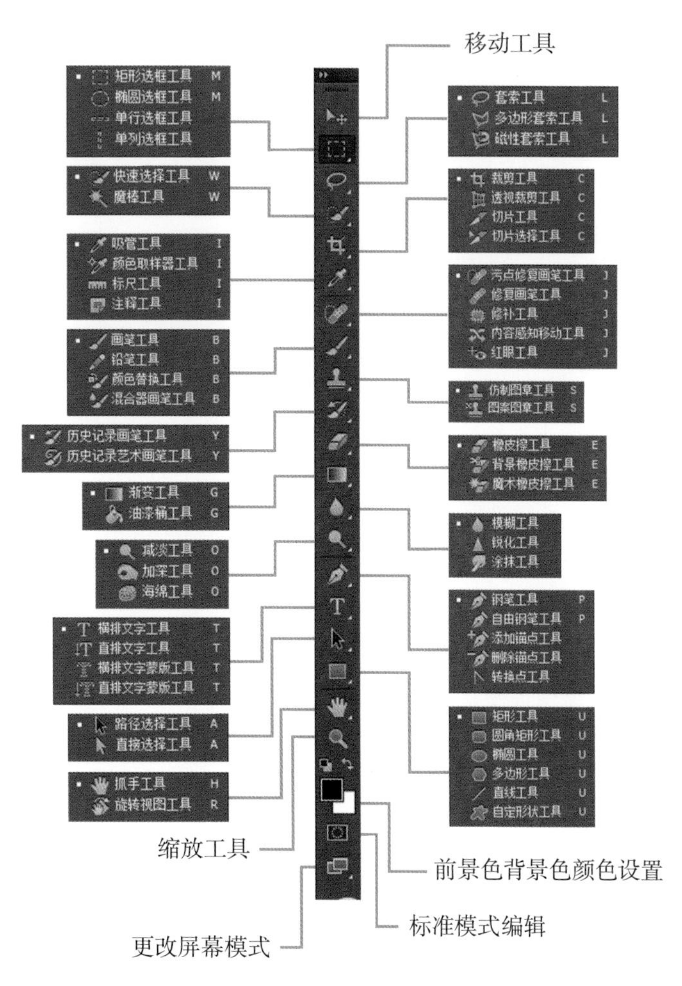

图 1–12 工具箱详解

1. **选框工具（M）**

选框工具包含了矩形、椭圆、单行、单列选框工具。

矩形选框工具：选取该工具后在图像上拖动鼠标可以确定一个矩形的选取区域，可以在选项面板中将选区设定为固定的大小。如果在拖动的同时按下 Shift 键可将选区设定为正方形。

椭圆选框工具：选取该工具后在图像上拖动可确定椭圆形选取区域。如果在拖动的同时按下 Shift 键可将选区设定为圆形。

单行选框工具：选取该工具后在图像上拖动可确定单行（一个像素高）的选取区域。

单列选框工具：选取该工具后在图像上拖动可确定单列（一个像素宽）的选取区域。

在使用选框工具时工具栏中有以下几个小工具。

①新选区：默认初始状态。

②添加到选区（Shift）：当画完一个选区时，要在选区中再增加一个选区时使用。

③从选区减去 (Alt)：当画完一个选区时，要在选区中减去一个选区时使用。

④与选区交叉（Shift+Alt）：留下两个选区相交的选区，删除不相交的选区。

⑤羽化(Ctrl+Alt+D)：将选框中的物体外围颜色逐渐进行淡化，使之看不出来修改过。

⑥样式：正常——自由变换选区大小；固定比例——可设置选框长与宽的固定比例；固定大小——可设置选框长与宽的固定大小。

2. **移动工具（V）**

移动工具用于移动选取区域内的图像。如果有选区，并且鼠标在选区中则移动选区内容，否则移动整个图层对齐（使用于两个或两个以上的图层，让其对齐）。

3. **套索工具（L）**

套索工具：用于通过鼠标等设备在图像上绘制任意形状的选取区域。（手动选择）

多边形套索工具：用于在图像上绘制任意形状的多边形选取区域。（手动选择）

磁性套索工具：用于在图像上捕捉具有一定颜色属性的物体的轮廓线上的路径（自动捕捉边缘），当捕捉到多余的颜色时可用 Backspace(退格键)退回到上一步。

在使用套索工具时工具栏中有以下几个小工具。

①新选区：默认初始状态。

②添加到选区（Shift）：当画完一个选区时，要在选区中再增加一个选区时使用。

③从选区减去 (Alt)：当画完一个选区时，要在选区中减去一个选区时使用。

④与选区交叉（Shift+Alt）：留下两个选区相交的选区，删除不相交的选区。

⑤羽化(Ctrl+Alt+D)：将选框中的物体外围颜色逐渐进行淡化，使之看不出来修改过。

4. **魔棒工具和快速选择工具（W）**

快速选择工具：选择具有相近属性的连续像素点，设为选取区域。

“【”与“】”这两个符号键可以使快速魔法棒的选择区域变化大小。

魔棒工具：用于将图像上具有相近属性的像素点设为选取区域。可以是连续或不连续的内容。

在使用魔棒工具时工具栏中有以下几个小工具。

①新选区：默认初始状态。

②添加到选区（Shift）：当画完一个选区时，要在选区中再增加一个选区时使用。

③从选区减去(Alt)：当画完一个选区时，要在选区中减去一个选区时使用。

④与选区交叉（Shift+Alt）：留下两个选区相交的选区，删除不相交的选区。

两种工具的选择像素取决于工具栏设置中的颜色容差。

注意：容差越小，颜色选择范围越小（精准度越大）；容差越大，颜色选择范围越大（精准度越小）。

5. 裁剪工具（C）

裁剪工具：用于从图像上裁剪需要的图像部分，对图形文件所有图层裁剪，将裁剪区域外的一切图片都删除。

注意：裁剪区域都以删除为主，隐藏部分都是不用的。

6. 切片工具（C）

切片工具主要用于网页制作。

切片工具包含一个切片工具和一个切片选择工具。

切片工具：选定该工具后在图像工作区拖动，将图形分成若干个切片区域。

切片选择工具：选定该工具后在薄片上单击可选中该薄片，如果在单击的同时按下 Shift 键可同时选取多个薄片。

使用“文件”→“存储为 Web 所用格式”，可以将一张图片分成若干张图片。

7. 图像修复工具（J）

污点修复画笔工具：自动修复瑕疵部分，注意修复直径和硬度（主要对大图片中出现小范围的污点进行修复）。

注意：在原地自行修补，修补图片时尽量把图片放大。

修复画笔工具：要先取样（按住 Alt+ 鼠标左键单击选择），再修复。（取样时选择的点是固定点。）

修补工具：取一定范围对另一个范围进行修补。（使用时不要将透明勾选。）

注意：“源”将不要的污点放到干净的地方清除污点；“目标”将干净的地方放到不要的污点地方清除污点。

内容感知移动工具：是智能修复工具，主要有两大功能，即感知移动功能和快速复制功能。

红眼工具：用于去掉眼睛中的红色区域。

8. 画笔工具（B）

该工具集中包括画笔工具、铅笔工具、颜色替换工具和混合器画笔工具，它们也可用于在图像上作画。

画笔工具：用于绘制具有画笔特性的线条。（像毛笔一样的字体，柔软。）

铅笔工具：具有铅笔特性的绘线工具，绘线的粗细可调（像铅笔一样的字体，僵硬。）

颜色替换工具：使用 Photoshop CS6 前景色对图像中特定的颜色进行替换。

混合器画笔工具：用于绘制逼真的手绘效果，是较为专业的绘画工具。

9. 仿制图章工具和图案图章工具（S）

仿制图章工具：用于将图像上用图章擦过的部分复制到图像的其他区域，要先取样（按住 Alt+ 鼠标左键单击选择）。

图案图章工具：用于复制设定的图像。

10. 历史画笔工具（Y）

历史画笔工具包含历史记录画笔工具和历史记录艺术画笔工具。

历史记录画笔工具：用于恢复图像中被修改的部分。（直接还原图片的初始状态。）

历史记录艺术画笔工具：用于使图像中划过的部分产生模糊的艺术效果。（还原中将原始图像模糊化。）

11. 橡皮擦工具（E）

橡皮擦工具：用于擦除图像中不需要的部分，并在擦过的地方显示背景图层的内容（手工选择擦除区域，使用的是调色盘中背景色的颜色）。

背景橡皮擦工具：用于擦除图像中不需要的部分，并使擦过区域变成透明(手工选择擦除区域，将图片中的颜色擦除，使之变成格仔画布的背景）。

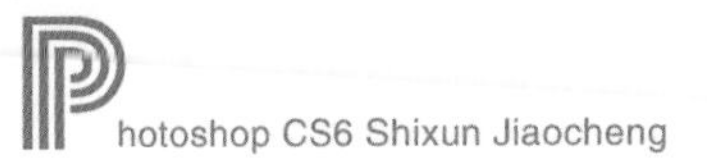

魔术橡皮擦工具：用于擦除图像中不需要的部分，并使擦过区域变成透明（自动选择擦除区域，将颜色相近的地方一起擦除）。

12. 渐变工具与油漆桶工具（G）

渐变工具：在工具箱中选中“渐变工具”后，在选项面板中可再进一步选择具体的渐变类型（可与选区工具配合使用）。

油漆桶工具：用于在图像的确定区域内填充前景色（填充：可以填充整个图形）。

13. 模糊锐化工具

注意颜色的亮度与位置。

模糊工具：选用该工具后，光标在图像上划动时可使划过的图像变得模糊。

锐化工具：选用该工具后，光标在图像上划动时可使划过的图像变得更清晰（当超过一定亮度后，图像区域会像素化）。

涂抹工具：选用该工具后，光标在图像上划动时可使划过的图像变形。

注意：涂抹工具可用于丰满脸颊或者瘦脸。

14. 路径工具（A）

路径选择工具：用于选取已有路径，然后进行整体位置调节。

直接选择工具：用于调整路径上部分路径点的位置。

15. 钢笔工具（P）

钢笔工具：用于绘制路径，选定该工具后，在要绘制的路径上依次单击，可将各个单击点连成路径。

注意：Ctrl——移动改变路径的位置；Alt——改变路径线的形状；Ctrl+Enter——可以将路径变成选框。

自由钢笔工具：用于手绘任意形状的路径，选定该工具后，在要绘制的路径上拖动，即可画出一条连续的路径。

添加锚点工具：用于增加路径上的路径点。

删除锚点工具：用于减少路径上的路径点。

转换点工具：使用该工具可以在平滑曲线转折点和直线转折点之间进行转换。

16. 文字工具（T）

横排文字工具：用于在水平方向上添加文字图层或放置文字。

直排文字工具：用于在垂直方向上添加文字图层或放置文字。

横排文字蒙版工具：用于在水平方向上添加文字图层蒙版。

直排文字蒙版工具：用于在垂直方向上添加文字图层蒙版。

文字工具可以跟路径工具一起使用。

17. 多边形工具（U）

矩形工具：选定该工具后，在图像工作区内拖动可产生一个矩形图形。

圆角矩形工具：选定该工具后，在图像工作区内拖动可产生一个圆角矩形图形。

椭圆工具：选定该工具后，在图像工作区内拖动可产生一个椭圆形图形。

多边形工具：选定该工具后，在图像工作区内拖动可产生一个 5 条边等长的多边形图形。

直线工具：选定该工具后，在图像工作区内拖动可产生一条直线。

自定形状工具：选定该工具后，在图形工作区内拖动可产生一个自定义形状的图形。（设置工具栏中的“形状”参数）。

18. 吸管与测量工具（I）

吸管工具：用于选取图像上光标单击处的颜色，并将其作为前景色。

颜色取样器工具：用于取色对比。

标尺工具：选用该工具后在图像上拖动，可拉出一条线段，在选项面板中会显示出该线段起始点的坐标、始末点的垂直高度、水平宽度、倾斜角度等信息。

注释工具：用于生成文字形式的附加注解文件。

19. 抓手工具（空格）

抓手工具：用于移动图像处理窗口中的图像，以便对显示窗口中没有显示的部分进行观察。

旋转视图工具：可任意旋转 Photoshop CS6 的视图图像。

20. 放大镜工具（缩放工具）（Z）

缩放工具：用于放大、缩小图像处理窗口中的图像，以便进行观察和处理。

21. 更改屏幕模式（F）

更改屏幕模式：用于屏幕模式转换。

1.4.4 认识面板

Photoshop 面板汇集了在操作中常用的选项和功能，在“窗口”菜单下提供了 20 多种面板命令，选择相应的命令就可以在工作界面中打开相应的面板。利用工具箱中的工具或菜单栏中的命令编辑图像后，使用面板可进一步细致地调整各选项，将面板功能应用于图像上。

1. 图层面板

图层面板是 Photoshop 中最常用的面板之一，如图 1-13 所示。可对图像的图层添加效果、创建新图层、调整图层，还可以为图层添加图层蒙版，设置图层之间的混合模式和不透明度等。

2. 通道面板

通道面板显示编辑图像的所有颜色信息，可通过设置对颜色进行编辑和管理，也可以设置选区以及创建或管理颜色通道，如图 1-14 所示。

图 1-13　图层面板

图 1-14　通道面板

3. 路径面板

路径面板用于存储和编辑路径，在路径面板中记录了在操作过程中创建的所有工作路径。通过路径面板可以创建新路径、更改路径名称以及将路径转换为选区等，如图 1-15 所示。

4. 调整面板

调整面板为新增面板，用于创建调整、填充和蒙版图层，如图 1-16 所示。在该面板中默认选中“调整”选项，用户也可以根据需要选择创建类型，调整选项的设置。

图 1–15　路径面板

图 1–16　调整面板

5. 颜色面板

颜色面板用于设置前景色和背景色颜色，在面板中单击右侧的前景色色块，即可设置前景色，单击背景色色块，即可设置背景色。默认情况下为黑白色，单击并拖拽右侧的滑块位置，就可设置选择的背景色颜色，如图 1–17 所示。

6. 色板面板

色板面板主要用于对颜色的设定。若要将色板中的某一颜色设置为前景色，只需要将鼠标移至该色块上，当出现吸管图标时单击即可，如图 1–18 所示。

图 1–17　颜色面板

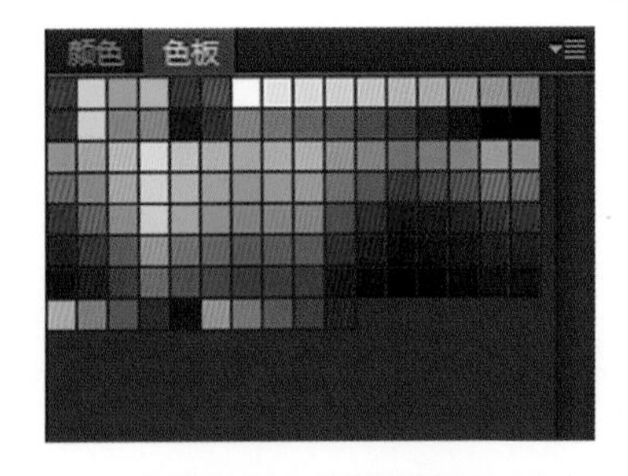

图 1–18　色板面板

7. 样式面板

利用样式面板可以为选中的图层添加 Photoshop 提供的各种样式效果，如图 1–19 所示。

8. 导航器面板

导航器面板主要应用于页面的导航设置，拖拽面板下方的滑块，可以对当前图像进行快速放大或缩小显示，如图 1–20 所示。

图 1–19　样式面板

图 1–20　导航器面板

9. 段落面板

段落面板用于设置与文本段落相关的选项，通过段落面板可以快速调整段落间距，为段落设置不同的缩进效果等，如图 1–21 所示。

10. 字符面板

在编辑或修改文本时，通过字符面板可对创建的文本进行编辑和修改，可设置或更改文本的字体、大小、颜色、间距等，如图 1–22 所示。

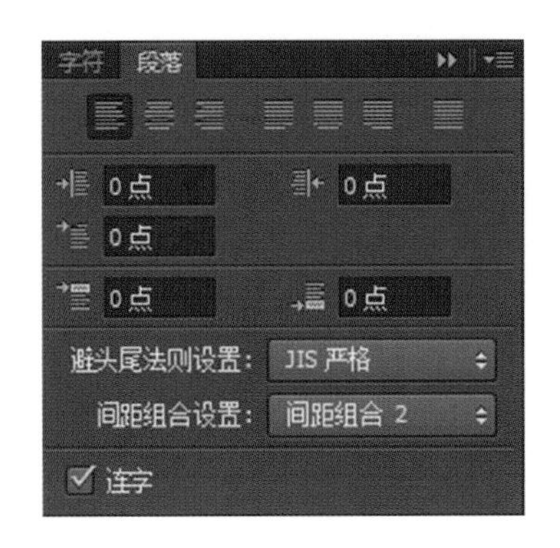

图 1–21　段落面板

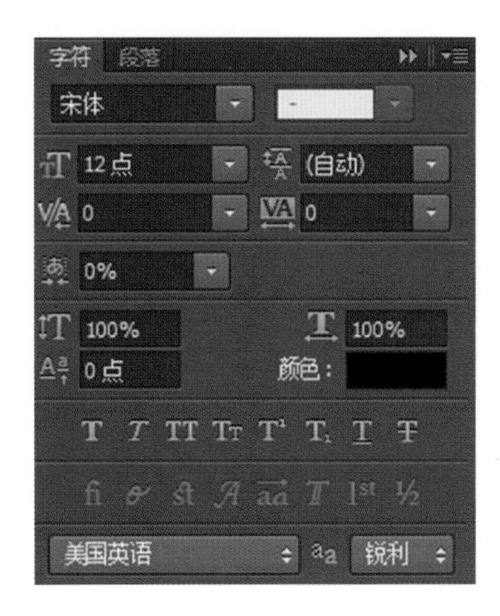

图 1–22　字符面板

11. 字符样式面板

Photoshop CS6 新增了字符样式面板，使用此面板可以为图像中输入的文字指定相同的字符样式，也可以直接创建新样式等，如图 1–23 所示。

12. 段落样式面板

段落样式面板为 Photoshop CS6 新增的面板之一，主要用于段落样式的创建与应用，在图像中选择段落文本后，单击该面板中的样式即可应用，如图 1–24 所示。

13. 属性面板

属性面板作为 Photoshop CS6 中出现的新面板，集中了所有调整图层的设置选项和蒙版选项，运用属性面板可以对调整选项及蒙版选项进行设置，如图 1–25 所示。

图 1–23　字符样式面板

图 1–24　段落样式面板

图 1–25　属性面板

Photoshop CS6 Shixun Jiaocheng

第二章

图层的应用

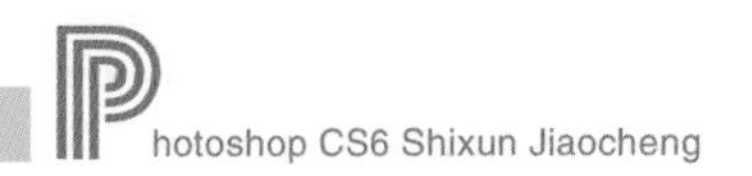

在 Photoshop CS6 中，图层如同透明的拷贝纸，在拷贝纸上画出图像，并将它们叠加在一起，就可浏览到图像的组合效果。使用图层可以把一幅复杂的图像分解为相对简单的多层结构的图像，并对图像进行分级处理，从而减少图像处理的工作量并降低难度。通过调整各个图层之间的关系，能够实现更加丰富和复杂的视觉效果。

为了理解图层这个概念，可以回忆一下手工制图时用透明纸作图的情况：当一幅图过于复杂或图形中各部分干扰较大时，可以按一定的原则将一幅图分解为几个部分，然后分别将每一部分按着相同的坐标系和比例画在透明纸上，完成后将所有透明纸按同样的坐标重叠在一起，最终得到一幅完整的图形。当需要修改其中某一部分时，可以将要修改的透明纸抽取出来单独进行修改，而不会影响到其他部分。

Photoshop CS6 图层的概念，参照了用透明纸进行绘图的思想，各部分绘制在不同的图层上。透过这层纸，可以看到纸后面的东西，无论在这层纸上如何涂画，都不会影响其他 Photoshop CS6 图层中的图像，也就是说，每个图层可以进行独立的编辑或修改。

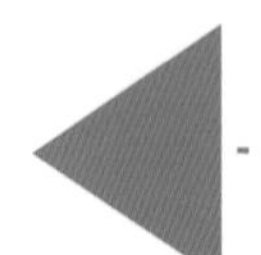

2.1 图层面板详解

对 Photoshop 图层的管理和编辑操作都是在图层面板中实现的。如新建图层（图层组）、删除图层、设置图层属性、添加图层样式以及图层的调整编辑等。

下面通过一个实例来讲解图层面板的使用。

按【Ctrl+O】键打开一幅平面图，如图 2-1 所示，.psd 格式的图像文件。

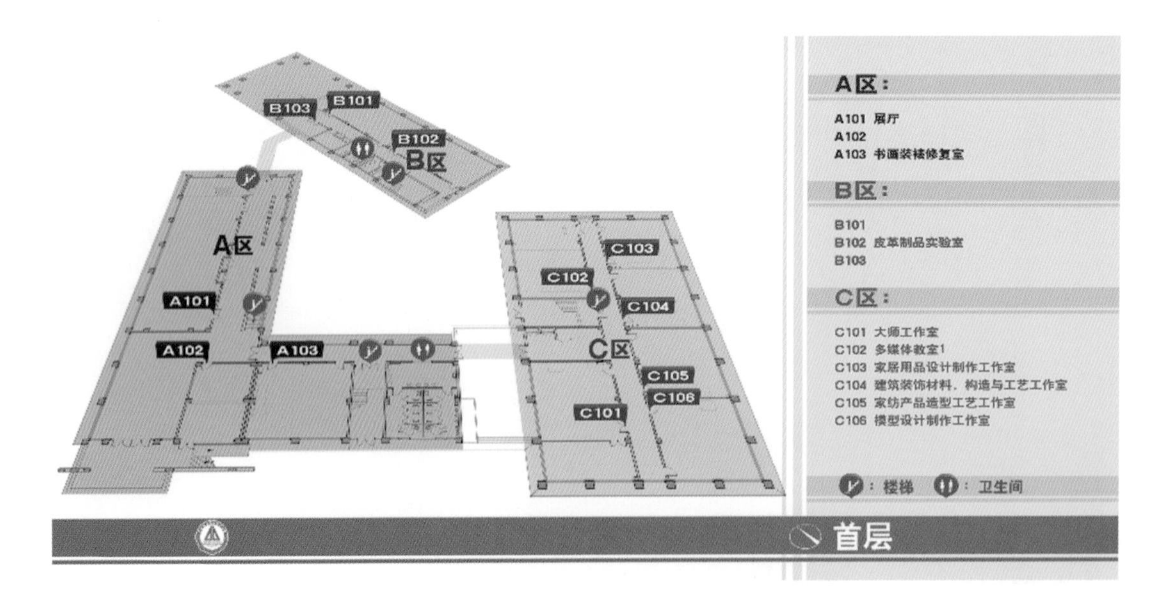

图 2-1　打开平面图

如果图层面板没有在窗口中显示，那么选择 Photoshop CS6 菜单栏中的“窗口”→“图层”命令，打开图层面板。图层面板详解如图 2-2 所示。

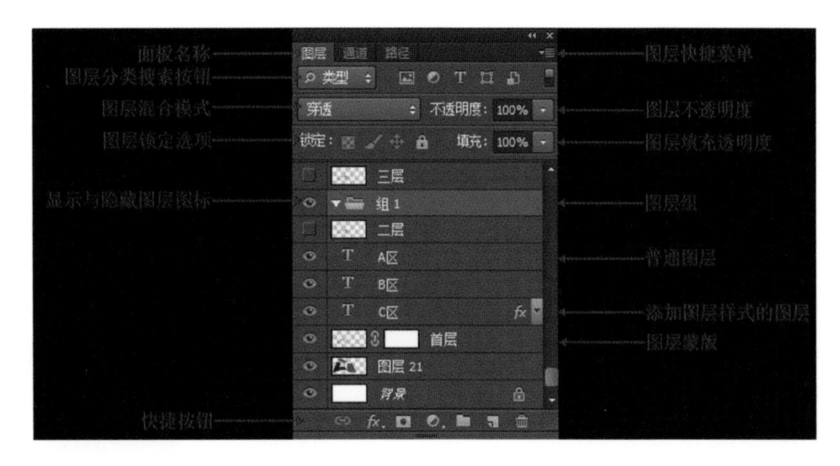

图 2–2 图层面板详解

单击 Photoshop CS6 图层面板右上角的三角按钮，在弹出的菜单中执行“面板选项”命令，打开“图层面板选项”对话框，如图 2–3 所示，在该对话框中可以对图层面板的外观进行设置。

勾选“扩展新效果”选项，为图层添加图层样式时，Photoshop CS6 图层样式为展开状态，如图 2–4 所示。

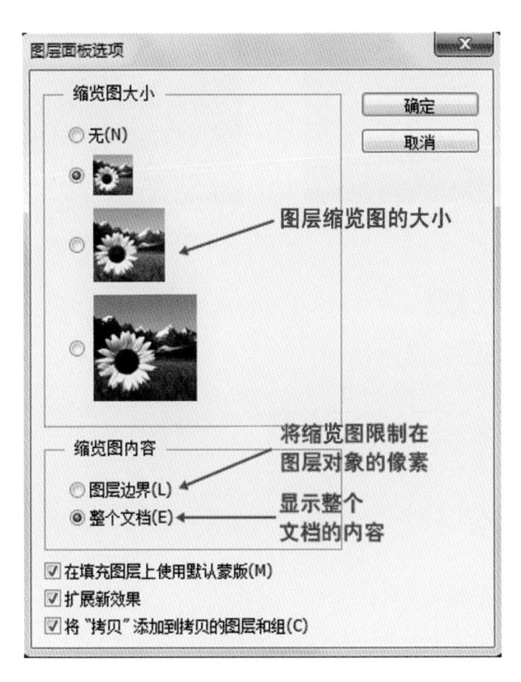

图 2–3 “图层面板选项”对话框

图 2–4 图层样式展开效果

2.2 新建与删除图层

Photoshop CS6 创建图层的方法有很多，可以创建一个新的空白图层，并在图层内添加内容；也可以利用现有的内容创建新图层；还可以将选区内的图像转换为新图层。

2.2.1 新建图层

通过一个实例来讲解如何使用图层面板。

（1）按【Ctrl+O】键打开一幅素材图像，如图 2–5 所示。

（2）此时可见 Photoshop CS6 图层面板上只有一个图层“背景”层；用鼠标左键单击“创建新图层”按钮 ，新建一个空白图层，如图 2–6 所示。

图 2–5 打开素材图像

图 2–6 新建空白图层

（3）按住【Alt】键的同时，单击“创建新图层”按钮 ，可以打开“新建图层”对话框，在该对话框中设置相应的图层参数，单击“确定”按钮新建空白图层，如图 2–7 所示。

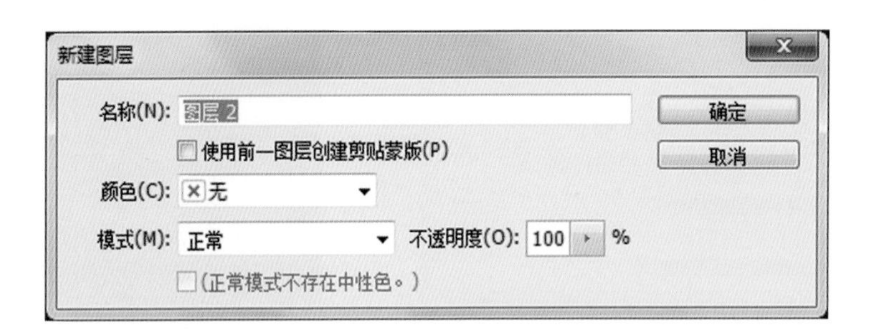

图 2–7 “新建图层”对话框

【名称】：可以输入所需的图层名称。

【使用前一图层创建剪贴蒙版】：该选项可以将该图层与前一图层（即下面的图层）进行编组，从而构成剪贴蒙版（剪贴蒙版将在以后详细讲解）。

【颜色】：设置新建图层在图层面板中显示的颜色。

【模式】：设置新建图层的混合模式。

【不透明度】：设置新建图层的不透明度；0% 为完全透明，100% 为完全不透明。

（4）双击图层名称，在出现的文本框中输入图层新名称，输入完成后按键盘上的【Enter】键确认名称更改，如图 2–8 所示。

(5) 新建图层通常会放置在选中图层的上方，按住键盘上的【Ctrl】键的同时单击图层面板底部的“创建新图层”按钮，会在选中图层的下方新建图层，如图 2-9 所示。

图 2-8　更改图层名称

图 2-9　在选中图层下方新建图层

2.2.2　删除图层

在编辑与处理 Photoshop CS6 图像时，不可避免地会存在一些不需要的图层，将这些图层删除可以节省空间，从而可以减小图像文件的大小。Photoshop CS6 图层被删除后，图层中的内容也随着图层的删除而消失。所以，删除图层一定要慎重。

这里介绍两种比较常用的删除图层的方法。

(1) 在 Photoshop CS6 图层面板中选中要删除的图层，单击图层面板上的“删除图层”按钮，即可删除所选择的图层。

(2) 在图层面板中选中要删除的图层，直接按住鼠标左键不放，把该图层拖到图层面板上的“删除图层”按钮上，也可删除选中的图层，如图 2-10 所示。

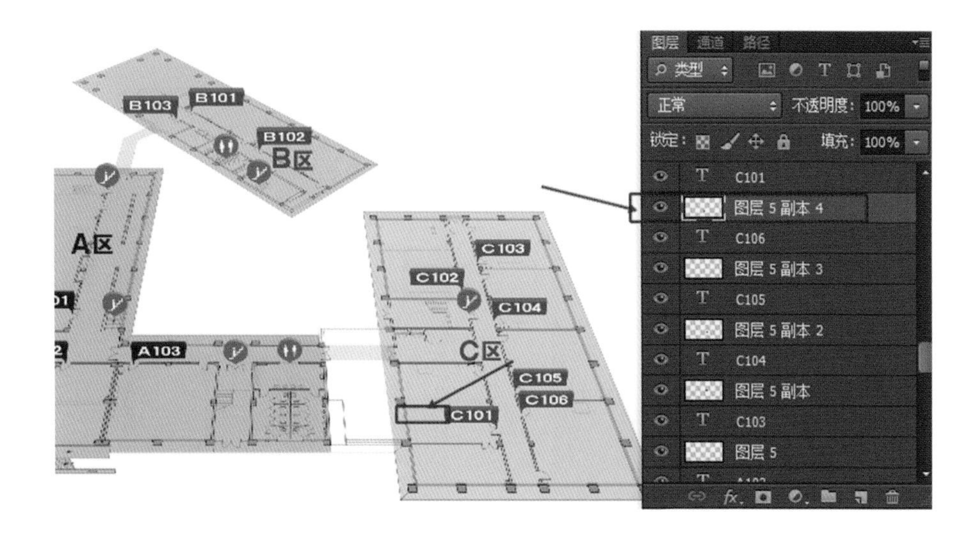

图 2-10　删除选中的图层

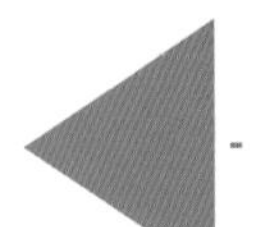

2.3 选择图层

在对 Photoshop CS6 图层内的图像进行编辑时，必须先选择图层，可以选择一个图层，也可以同时选择多个图层，然后对选中的图层进行操作。下面介绍如何对 Photoshop CS6 图层进行选择。

（1）按【Ctrl+O】键打开一幅素材图像文件，如图 2-11 所示。

图 2-11　打开.psd 文件

（2）使用鼠标在图层面板中单击“图层 7”图层，即可将图层 7 选中，如图 2-12 所示。

（3）先选中“图层 10 副本 5”，再按住键盘上的【Ctrl】键的同时单击“图层 7”，即可将“图层 10 副本 5”和“图层 7”图层同时选中，如图 2-13 所示。不松开键盘上的【Ctrl】键也可以继续单击选择其他图层。

图 2-12　选择图层 7

图 2-13　同时选择多个不连续图层

(4) 鼠标左键单击“图层 7”图层，使该图层成为当先所选可编辑图层；按住键盘上的【Shift】键的同时单击“图层 10 副本 11”图层，即可将“图层 7”和“图层 10 副本 11”之间的图层全部选中，如图 2-14 所示。

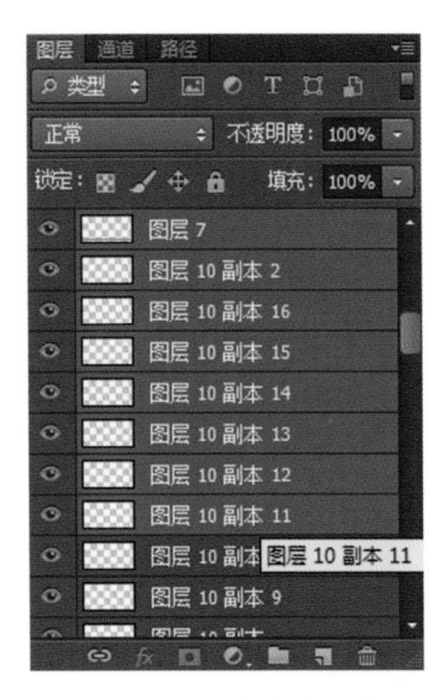

图 2-14 同时选择多个连续图层

(5) 选择工具箱中的移动工具，在其工具栏中勾选“自动选择”，并在其后面选择“图层”选项，若在视图中单击“三层”，即可选择三层所在图层，如图 2-15 所示。

选择“组”选项，在视图中单击，可选择图层组，如图 2-16 所示。

图 2-15 选择“图层”选项

图 2-16 选择“组”选项

(6) 选择“首层”图层，在菜单栏中选择“图层”→“选择链接图层”命令，可以使与“图层 21”相链接的图层全部被选中，如图 2-17 所示。

(7) 选择工具箱中的移动工具，在图像窗口中相应的位置上单击鼠标右键（如在图 2-18 中的数字上单击右键），弹出一个快捷菜单，此快捷菜单为所选择处包括的图层，如图 2-18 所示。

图 2-17 选择链接图层

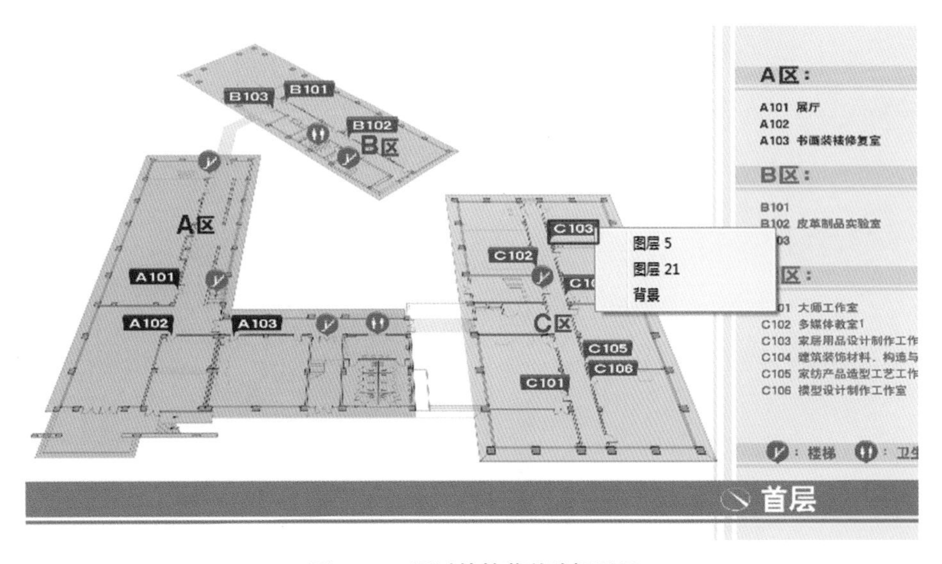

图 2-18 通过快捷菜单选择图层

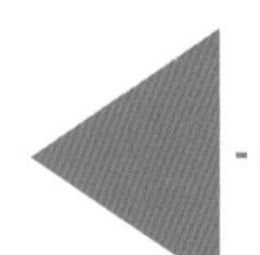

2.4 复制图层

根据操作需要，可以对 Photoshop CS6 图层进行复制，创建一个图层副本；也可以将当前图层内容复制到其他 Photoshop CS6 图像中使用。

1. 使用鼠标复制图层

（1）按【Ctrl+O】键打开一幅.jpg 素材图像，如图 2–19 所示。

（2）选择工具箱中的移动工具 ，按住键盘上的【Alt】键的同时将鼠标指针移动到要复制的对象“Layer 1”上，按下鼠标左键进行拖动，即可将所选图层复制；得到“Layer 1 副本 2”图层，如图 2–20 所示。

图 2–19 打开.jpg 素材图像

图 2–20 使用鼠标复制图层

2. 用快捷键复制图层

选中要复制的图层，按【Ctrl+J】键可以快速复制图层。

按【Ctrl+T】键执行“自由变化”命令，调整复制图层的大小，然后选择工具箱中的移动工具 ，在图像窗口移动复制的图层对象，得到如图 2–21 所示的效果。

图 2–21 快捷键复制图层

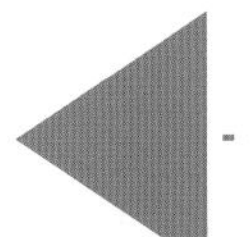

2.5 转换图层与背景图层

2.5.1　背景图层转换为普通图层

Photoshop CS6“背景”图层不可以调整图层顺序，它总是在图层面板的最底层，而且图层中的图像不可以移动位置。为了方便对“背景”图层进行操作，可以将“背景”图层转换为普通图层。

（1）在 Photoshop CS6 图层面板中，用鼠标左键双击“背景”图层（见图 2-22），打开“新建图层”对话框。

图 2-22　双击“背景”图层

（2）在打开的“新建图层”对话框中可以设置 Photoshop CS6 图层的名称、颜色、模式和不透明度等参数。这里保持默认参数，单击“确定”按钮，如图 2-23 所示。

图 2-23　“新建图层”对话框

（3）“背景”图层转换为普通图层，这样就可以对 Photoshop CS6“背景”图层进行编辑操作了，如图 2–24 所示。

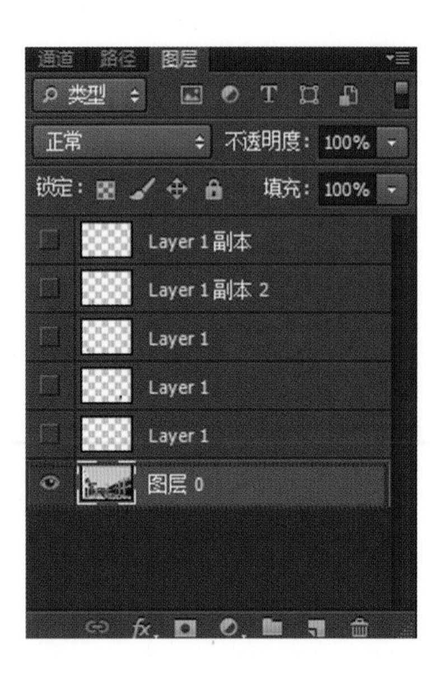

图 2–24　“背景”图层转换为普通图层

注意：在 Photoshop CS6 图像中只能有一个“背景”图层。

2.5.2　将选区图像转换为新图层

在编辑 Photoshop CS6 图像时，可以将选区内的图像剪切到新的图层中，下面学习将选区内的图像转换为新图层的方法。

（1）选择 Photoshop CS6 工具箱中的套索工具，在图像中相应的位置绘制选区，如图 2–25 所示。

图 2–25　选择路面选区

（2）在 Photoshop CS6 图层面板中单击选中要剪切的图层，如“背景”层，如图 2–26 所示。

（3）在 Photoshop CS6 菜单栏中，选择“图层”→“新建”→“通过剪切的图层”命令（快捷键【Shift+Ctrl+J】键），可将 Photoshop CS6 选区内的图像剪切创建到新的图层，如图 2–27 所示。

图 2-26 选择要剪切的图层

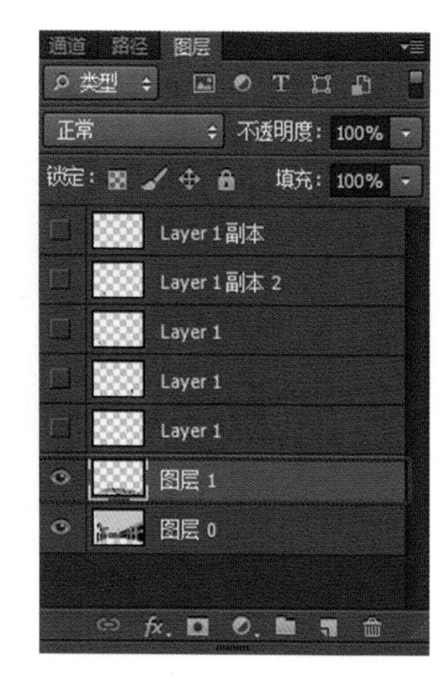

图 2-27 被剪切的选区创建到新的图层

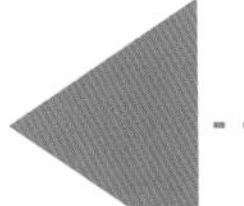

2.6 图层的混合模式详解

在使用 Photoshop CS6 进行图像合成时，图层混合模式是使用最为频繁的技术之一，它通过控制当前图层和位于其下的图层之间的像素作用模式，从而使图像产生奇妙的效果。

Photoshop CS6 提供了 27 种图层混合模式，它们全部位于图层面板左上角的“正常”下拉列表中。

2.6.1 组合模式

1. 正常模式

正常模式是 Photoshop CS6 中的默认模式。在此模式下编辑或者绘制的每个像素，都将是结果色，当图层的不透明度设置为 100%时，将完全遮盖下方图层，如图 2-28 所示。

图 2-28 正常模式（不透明度为 100%）

随着图层不透明度的数值降低，下方图层将显得越来越清晰。图 2-29 所示为降低不透明度和填充后得到的 Photoshop CS6 图像效果。

图 2-29　降低不透明度

2. 溶解模式

Photoshop CS6 溶解模式随机消失部分图像的像素，消失的部分可以显示背景内容，从而形成两个图层交融的效果。当不透明度小于 100% 时图层逐渐溶解，当不透明度为 100% 时 Photoshop CS6 图层不起作用，如图 2-30 所示。

图 2-30　溶解模式

3. 变暗模式

选择变暗模式后，Photoshop CS6 上面图层中较暗的像素将代替下面图层中与之相对应的较亮的像素，而下面 Photoshop CS6 图层中较暗的像素将代替上面图层中与之相对应的较亮的像素，从而使叠加后的图像区域变暗，如图 2-31 所示。

图 2-31　变暗模式

4. 正片叠底模式

使用 Photoshop CS6 正片叠底模式可以产生比当前图层和底层颜色都暗的颜色。在这个模式中，黑色与任何颜色混合之后还是黑色。而任何颜色和白色混合，Photoshop CS6 颜色不会改变。

注意：正片叠底可以快速调整曝光过度的照片。

（1）打开一幅素材图像，按【Ctrl+J】键复制“背景”图层，如图 2–32 所示。

图 2–32　复制“背景”图层

（2）在 Photoshop CS6 图层面板中将其图层混合模式设置为“正片叠底”，得到的图像效果如图 2–33 所示。

图 2–33　正片叠底模式

5. 颜色加深模式

使用 Photoshop CS6 颜色加深模式可以使图层的亮度降低，色彩加深，将底层的颜色变暗，反映当前图层的颜色，与白色混合后不产生变化，效果如图 2–34 所示。

图 2–34　颜色加深模式

6. 线性加深模式

使用线性加深模式减小底层的颜色亮度，从而反映当前图层的颜色；将查看每个颜色通道中的颜色信息，加暗所有通道的基色，并通过提高其他颜色的亮度来反映 Photoshop CS6 混合颜色，与白色混合后不产生任何的变化，效果如图 2–35 所示。

图 2-35　线性加深模式

7. 深色模式

使用 Photoshop CS6 深色模式以当前图像饱和度为依据，直接覆盖底层图像中暗调区域的颜色。底层图像中包含的亮度信息被当前图像中的暗调信息所取代，从而得到最终效果。Photoshop CS6 深色模式可反映背景较亮图像中暗部信息的表现，暗调颜色取代亮部信息，效果如图 2-36 所示。

图 2-36　深色模式

8. 变亮模式

Photoshop CS6 变亮模式与变暗模式正好相反，选择变亮模式后，上面图层中较亮的像素将代替下面图层中与之相对应的较暗的像素，而下面图层中较亮的像素将代替上面图层中与之相对应的较暗的像素，从而使叠加后的 Photoshop CS6 图像区域变亮。变亮模式的效果如图 2-37 所示。

图 2-37　变亮模式

9. 滤色模式

Photoshop CS6 滤色模式与正片叠底模式正好相反，它将图像的上层颜色与下层颜色结合起来产生比两种颜色都浅的第三种颜色，可以理解为将绘制的颜色与底色的互补色相乘，然后除以 255 得到的混合效果。通过滤色模式转换后的颜色通常很浅，像是被漂白一样，效果如图 2–38 所示。

图 2–38 滤色模式

10. 颜色减淡模式

Photoshop CS6 颜色减淡模式将通过减少上下图层中像素的对比度来提高 Photoshop CS6 图像的亮度。颜色减淡模式的效果比滤色模式效果更加明显，如图 2–39 所示。

图 2–39 颜色减淡模式

11. 线性减淡（添加）模式

Photoshop CS6 线性减淡（添加）模式与线性加深模式的作用刚好相反，它通过加亮所有通道的基色，并通过降低其他颜色的亮度来反映 Photoshop CS6 混合颜色，此模式对于黑色将不发生变化，效果如图 2–40 所示。

图 2–40 线性减淡模式

12. 浅色模式

Photoshop CS6 浅色模式与深色模式正好相反。浅色模式可影响背景较暗图像中的亮部信息的表现，以高光颜色取代暗部信息，效果如图 2–41 所示。

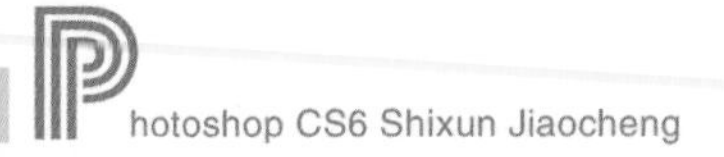

图 2-41　浅色模式

2.6.2　对比模式

1. 叠加模式

Photoshop CS6 叠加模式是将绘制的颜色与底色相互叠加，也就是说，把图像的下层颜色与上层颜色相混合，提取基色的高光和阴影部分，产生一种中间色。下层不会被取代，而是和上层相互混合来显示 Photoshop CS6 图像的亮度和暗度，效果如图 2-42 所示。

图 2-42　叠加模式

2. 柔光模式

Photoshop CS6 柔光模式会产生柔光照射的效果。该模式是根据绘图色的明暗来决定图像的最终效果是变亮还是变暗的。如果上层颜色比下层颜色更亮一些，那么最终将更亮；如果上层颜色比下层颜色的像素更暗一些，那么最终颜色将更暗，使 Photoshop CS6 图像的亮度反差增大。柔光模式效果如图 2-43 所示。

图 2-43　柔光模式

3. 强光模式

Photoshop CS6 强光模式与柔光模式类似，也就是将下面图层中的灰度值与上面图层进行处理，所不同的是产生的效果就像一束强光照射在 Photoshop CS6 图像上一样。强光模式效果如图 2-44 所示。

图 2-44　强光模式

4. 亮光模式

Photoshop CS6 亮光模式根据绘图色增加或减小对比度来加深或减淡颜色，具体取决于混合色。如果混合色比 50% 的灰度亮，图像通过降低对比度来加亮图像；反之，通过提高对比度来使 Photoshop CS6 图像变暗。亮光模式效果如图 2-45 所示。

图 2-45　亮光模式

5. 线性光模式

Photoshop CS6 线性光模式是通过增加或降低当前图层颜色亮度来加深或减淡颜色。若当前图层颜色比 50% 的灰亮，图像通过增加亮度使整体变亮。若当前图层颜色比 50% 的灰暗，Photoshop CS6 图像会降低亮度使整体变暗。线性光模式效果如图 2-46 所示。

图 2-46　线性光模式

6. 点光模式

Photoshop CS6 点光模式通过置换颜色像素来混合图像，如果混合色比 50% 的灰亮，那么比图像暗的像素会被替换，而比原图像亮的像素无变化；反之，比原图像亮的像素会被替换，而比 Photoshop CS6 图像暗的像素无变化。点光模式效果如图 2–47 所示。

图 2–47　点光模式

7. 实色混合模式

Photoshop CS6 实色混合模式将两个图层叠加后，当前图层产生很强的硬性边缘，将原本逼真的图像以色块的方式表现。该模式可增加颜色的饱和度，使 Photoshop CS6 图像产生色调分离的效果，如图 2–48 所示。

图 2–48　实色混合模式

2.7 实例制作——制作砖块质感贴图

（1）选择菜单栏中的“文件”→“新建”命令，在弹出的“新建”对话框中，设置各项参数，如图 2–49 所示。

（2）在图层面板中新建“图层 1”。

（3）在工具箱中设置前景色为砖红色（R=130、G=30、B=5），然后按【Alt+Delete】组合键将“图层 1”图层以前景色填充，如图 2–50 所示。

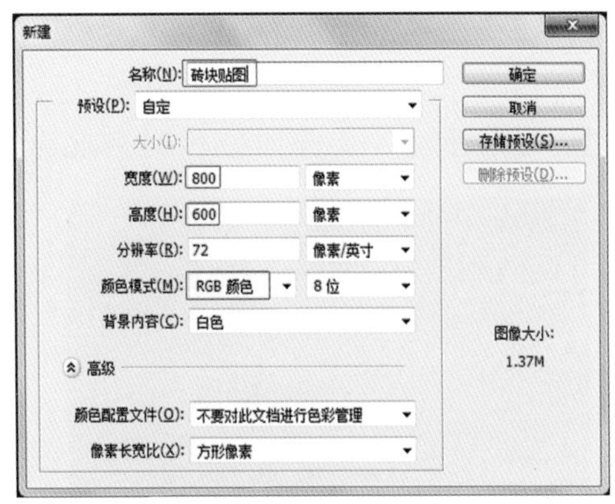

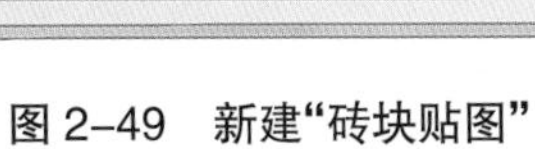
图 2-49 新建“砖块贴图”

图 2-50 将“图层 1”图层以前景色填充

(4) 设置背景色为深砖红色（R=100、G=30、B=10），选择菜单栏中的“滤镜”→“渲染”→“云彩”命令，为图像添加云彩效果。

(5) 选择菜单栏中的“滤镜”→“杂色”→“添加杂色”命令，在弹出的“添加杂色”对话框中设置各项参数，如图 2-51 所示。

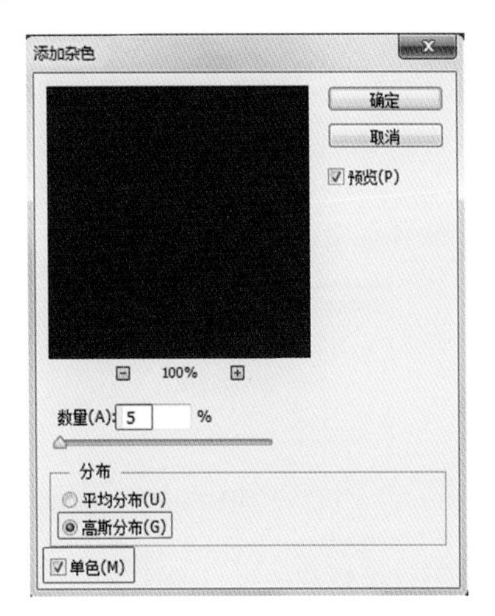

图 2-51 添加杂色滤镜后的效果

(6) 选择菜单栏中的“滤镜”→“滤镜库”→“艺术效果”→“底纹效果”命令，在弹出的“底纹效果”对话框中设置各项参数，如图 2-52 所示。

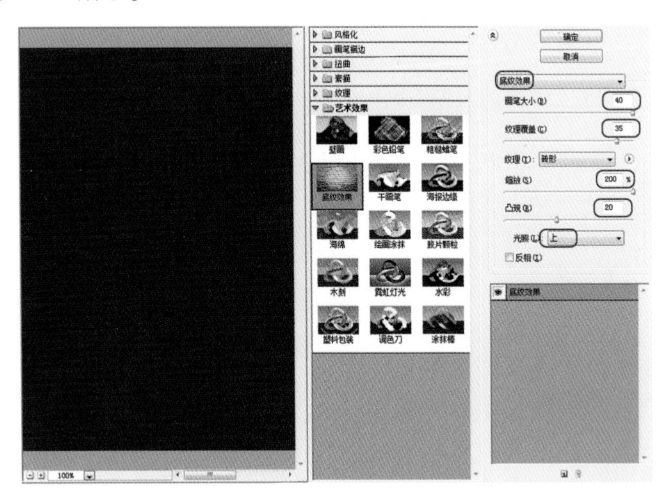
图 2-52 设置“底纹效果”的各项参数

（7）在图层面板中将“图层 1”图层复制一层，生成“图层 1 副本”图层。再选择菜单栏中的“滤镜”→“风格化”→“查找边缘”命令，效果如图 2-53 所示。

（8）在图层面板中将“图层 1 副本”图层的混合模式改为“正片叠底”，效果如图 2-54 所示。

图 2-53 “查找边缘”的效果

图 2-54 “正片叠底”的效果

（9）在图层面板中将“图层 1”图层和“图层 1 副本”图层合并为一层。

（10）按【Ctrl+N】组合键打开“新建”对话框，文档大小设置为 100×60 像素、分辨率为 72 像素 / 英寸的新文件。然后使用工具箱中的矩形选框工具绘制选区，并将其以灰色填充，最后按【Ctrl+D】组合键将选区取消，如图 2-55 所示。

（11）按【Ctrl+A】组合键将图像全选，再选择菜单栏中的“编辑”→“定义图案”命令，在弹出的“图案名称”对话框中设置“名称”为“砖块”，如图 2-56 所示。

图 2-55 绘制砖块图案

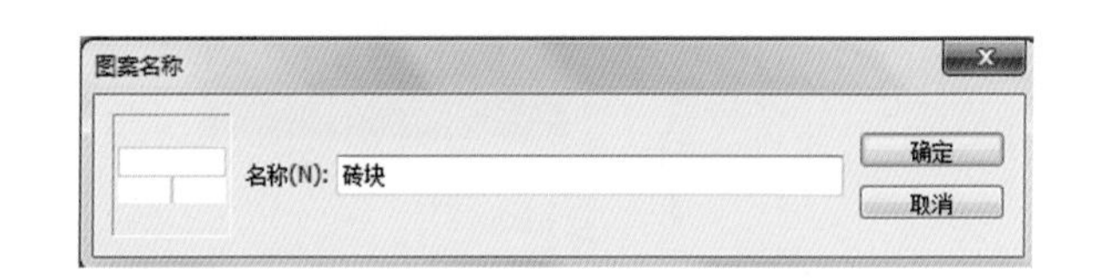

图 2-56 “图案名称”对话框

（12）返回到前面制作的“砖块贴图”文件中，在图层面板中新建一个“图层 2”图层。再选择菜单栏中的“编辑”→“填充”命令，在弹出的“填充”对话框中选择前面定义好的“砖块”图案，如图 2-57 所示。

（13）使用工具箱中的魔棒工具将砖块的白色部分选中，然后按【Delete】键将选区内的内容删除，效果如图 2-58 所示。

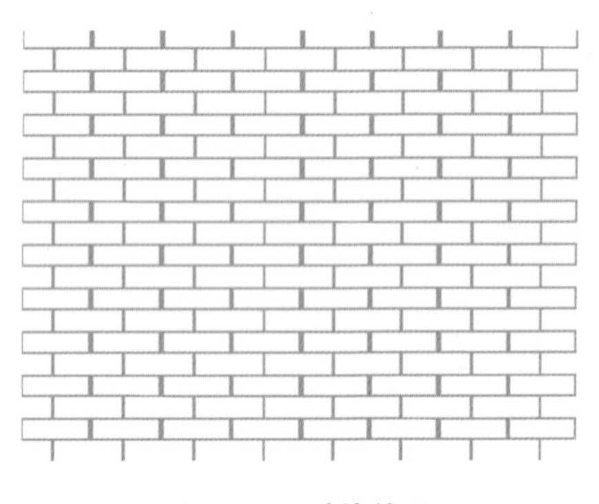

图 2-57 砖块效果

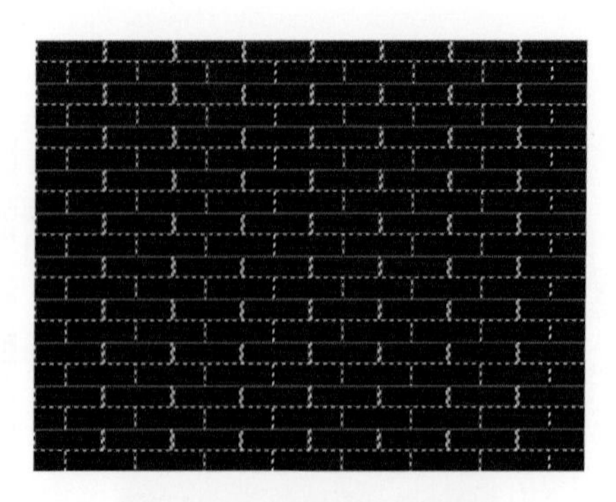

图 2-58 将白色部分删除

（14）在图层面板中激活“图层 1”图层，再按【Ctrl+Shift+I】组合键将选区反选，并按 Delete 键将选区内的内容删除，最后按【Ctrl+D】组合键将选区取消。

（15）在图层面板中双击“图层 1”图层，在弹出的“图层样式”对话框中分别选中“斜面和浮雕”“内阴影”及“内发光”样式，如图 2-59 和图 2-60 所示。

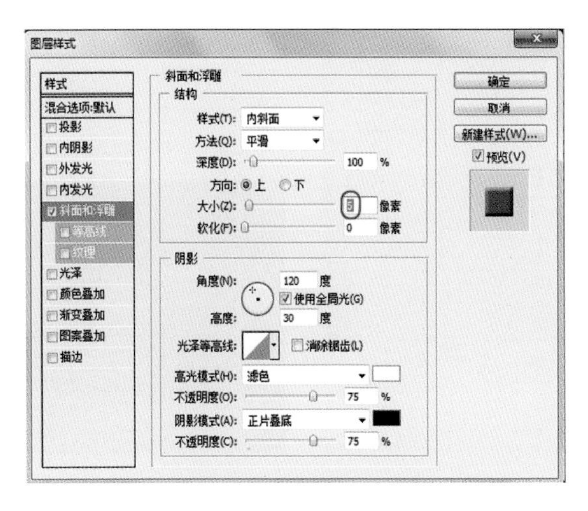

图 2-59　斜面和浮雕设置

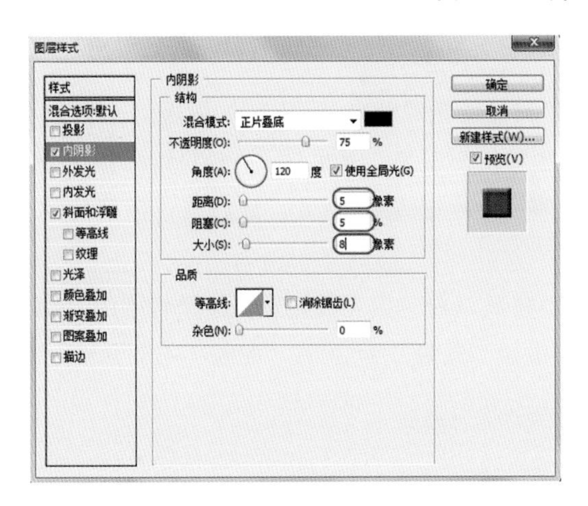

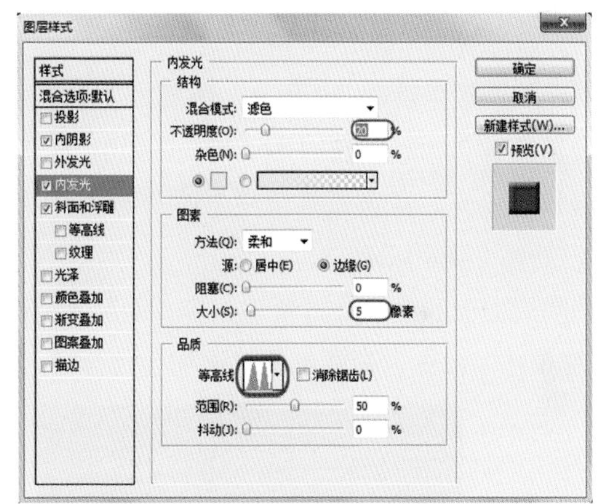

图 2-60　内阴影和内发光设置

（16）单击“确定”按钮应用图层样式，效果如图 2-61 所示。

（17）确定“图层 2”图层为当前图层，选择菜单栏中的“滤镜”→“杂色”→“添加杂色”命令，在弹出的“添加杂色”对话框中设置各项参数，如图 2-62 所示。

图 2-61　应用图层样式的效果

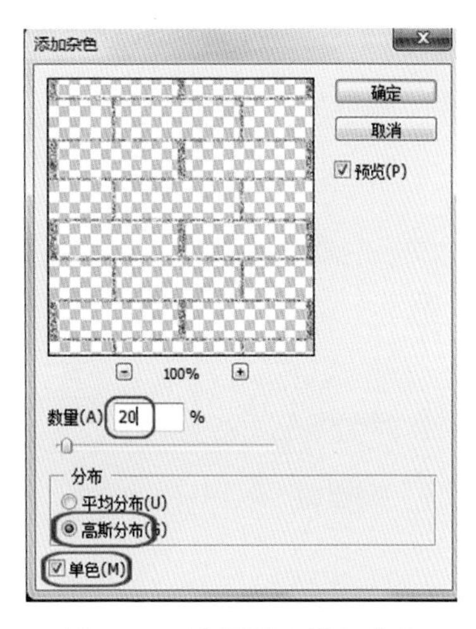

图 2-62　为图层 2 添加杂色

（18）添加杂色后，再选择菜单栏中的“滤镜”→“风格化”→“浮雕效果”命令，在弹出的“浮雕效果”对话框中设置各项参数，如图 2-63 所示。

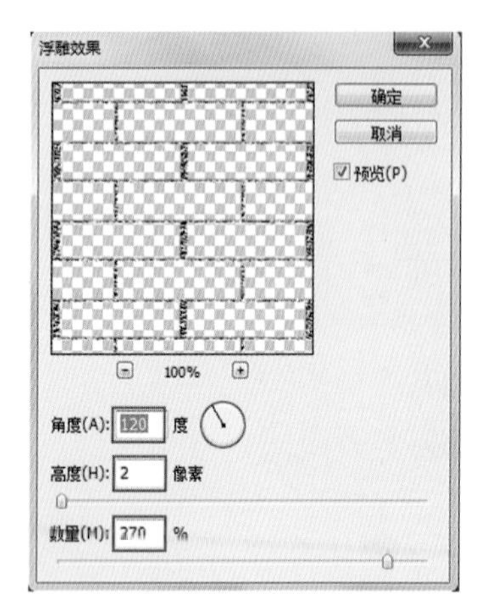

图 2-63　设置浮雕效果

（19）选择菜单栏中的“图像”→“调整”→“亮度 / 对比度”命令，在弹出的“亮度 / 对比度”对话框中设置“亮度”为 50，单击“确定”按钮。

（20）在图层面板中确认“图层 1”图层为当前图层，在其上面新建一个“图层 3”图层。

（21）设置前景色为砖红色（R=130、G=30、B=5），背景色为白色。然后按【Alt+Delete】组合键将“图层 3”图层以前景色填充。再选择菜单栏中的“滤镜”→“渲染”→“云彩”命令，最后将该图层的混合模式改为“正片叠底”，如图 2-64 所示。

（22）在图层面板的最上层再新建一个“图层 4”图层，将其以白色填充，再选择菜单栏中的“滤镜”→“杂色”→“添加杂色”命令，在弹出的“添加杂色”对话框中设置“数量”为 30%，如图 2-65 所示。

图 2-64　正片叠底的效果

图 2-65　为图层 4 添加杂色

（23）选择菜单栏中“滤镜”→“画笔描边”→“喷溅”命令，在弹出的“喷溅”对话框中设置各项参数，如图 2-66 所示。

图 2-66　设置喷溅参数及其效果

（24）选择菜单栏中的“滤镜”→“模糊”→“动感模糊”命令，在弹出的“动感模糊”对话框中设置“角度”为 0°，“距离”为 5 像素。

（25）在图层面板中修改该图层的混合模式为“正片叠底”，最终效果如图 2–67 所示。

图 2–67　砖块最终效果

（26）选择菜单栏中的“文件”→“存储”命令，将制作的图像保存为“砖块贴图.psd”。

Photoshop CS6 Shixun Jiaocheng

第三章

通道和历史记录

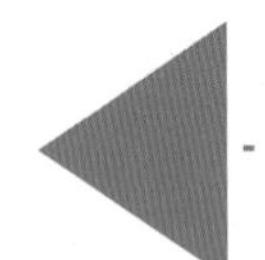

3.1 通道

3.1.1 通道面板

通道面板可以完成通道的新建、复制、删除、分离和合并等操作。当我们打开一个图像时，Photoshop 会自动创建该图像的颜色信息通道。

打开一个图像文件，然后选择“窗口”菜单，单击“通道”命令，即可打开“通道”面板，如图 3-1 所示。

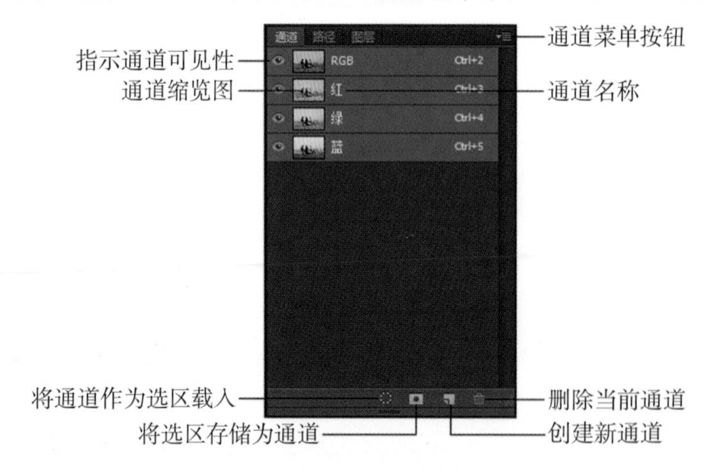

图 3-1 通道面板

（1）通道菜单按钮：单击该按钮，可以打开通道面板菜单，如图 3-2 所示。

通道面板菜单几乎包含了所有通道操作的命令。

（2）指示通道可见性：单击该区域，可以显示或隐藏当前通道。当眼睛图标显示时，表示显示当前通道；当眼睛图标消失时，表示隐藏当前通道。

（3）通道缩览图：显示当前通道的内容，可以通过缩览图查看每一个通道的内容。在通道面板菜单中单击“面板选项”命令，可以打开“通道面板选项”对话框，如图 3-3 所示。

图 3-2 通道面板菜单

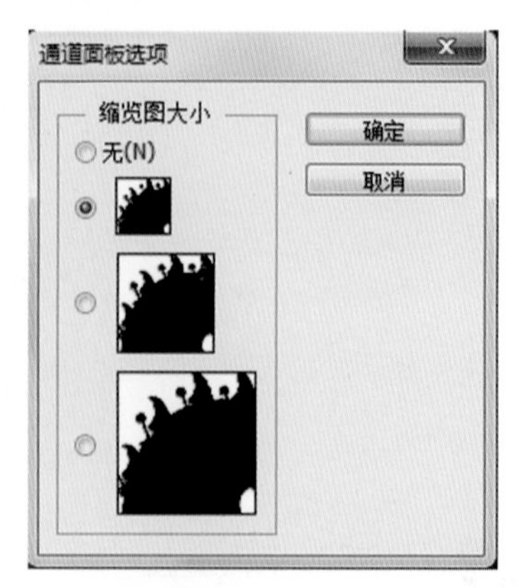

图 3-3 在该对话框中可以修改缩览图的大小

（4）通道名称：显示通道的名称。除新建的 Alpha 通道外，其他的通道是不能重命名的。在新建 Alpha 通道时，如果不为新通道命名，系统将会自动给它命名为 Alpha1、Alpha2……

（5）将通道作为选区载入 ：单击该按钮，可以将当前通道作为选区载入。白色为选区部分，黑色为非选区部分，灰色部分表示被选中。该功能与“选择”→“载入选区”命令的功能相同。

（6）将选区存储为通道 ：单击该按钮，可以将当前图像中的选区以蒙版的形式保存到一个新增的 Alpha 通道中。

（7）创建新通道 ：单击该按钮，可以在通道面板中创建一个新的 Alpha 通道；如果将通道面板中已存在的通道直接拖动到该按钮上并释放鼠标，可以为该通道创建一个副本。

（8）删除当前通道 ：单击该按钮，可以删除当前选择的通道；如果拖动选择的通道到该按钮上并释放鼠标，也可以删除选择的通道。但是，复合通道不能删除。

3.1.2 通道混合器

Photoshop CS6 通道混合器命令可以使用图像中现有（源）颜色通道的混合来修改目标（输出）颜色通道，创建高品质的灰度图像、棕褐色调图像或对图像进行创造性的颜色调整，从而修改该颜色通道中的光线量，影响其颜色含量，从而改变图像的颜色。

（1）打开一个图像文件，如图 3–4 所示。

（2）选择“图像”菜单，将光标移动到“调整”上面，在弹出的子菜单中单击“通道混合器”命令，打开“通道混合器”对话框，如图 3–5 所示。

图 3–4 打开图像文件

图 3–5 “通道混合器”对话框

■预设：在该选项的下拉列表中包含了 Photoshop 提供的预设调整设置文件，可用于创建各种黑白效果。

■输出通道：选择要调整的通道。从右侧的下拉列表中选择一个调整的通道，不同的颜色模式显示的通道效果将会不同。

■源通道：用于设置输出通道中源通道所占的百分比。将一个源通道的滑块向左拖动时，可减小该通道在输出通道中所占的百分比；向右拖动则增加百分比。负值可以使源通道在被添加到输出通道之前反相。

■总计：显示了源通道的总计值。如果合并的通道值高于 100%，会在总计旁边显示一个警告标志 。并且，该值超过 100%，有可能会损失阴影和高光细节。

■常数：用于调整输出通道的灰度值。负值可以在通道中增加黑色；正值则在通道中增加白色。–200%会使输出通道成为全黑，+200%则会使输出通道成为全白。

■单色：勾选该项，可以将彩色图像转换为黑白效果。

(3) 在“通道混合器”对话框中调整好参数以后，单击“确定”按钮，即可修改图像的颜色，如图 3-6 所示。

图 3-6 修改图像的颜色

注意：在“通道混合器”对话框中修改参数以后，如果按住【Alt】键，对话框中的“取消”按钮就会变成“复位”按钮，单击“复位”按钮可以将参数恢复到初始状态。

3.1.3 实例制作，学习通道

不同颜色的通道记录了某种颜色的分布状况。把这些通道的信息拆开，并且在图层中进行合并，一方面深入理解通道的含义，另一方面也巩固载入通道选区和图层混合模式的操作。

(1) 打开一幅彩色图像，打开图层面板，单击创建新图层按钮 4 次，生成 4 个新的图层，即图层 1、图层 2、图层 3 与图层 4，如图 3-7 所示。

(2) 打开通道面板，在红色通道上单击鼠标，选中红色通道为当前通道。在通道面板的最下面，单击将通道作为选区载入按钮，这时图像中出现蚂蚁线，这样就载入了红色通道的选区，如图 3-8 所示。

图 3-7 打开文件并创建 4 个新图层

图 3-8 载入红色通道选区

(3) 单击 RGB 复合通道，所有通道都被激活，这时又看到正常的彩色图像了，如图 3-9 所示。

注意：经常会有人在这一步用鼠标单击 RGB 通道前边的眼睛图标，这样只是让 3 个通道可见，但并没有打开 3 个通道，这样做是不对的。必须打开 3 个通道，在通道面板上看到 3 个通道都处于激活状态，如图 3-10 所示。

图 3–9 单击 RGB 复合通道

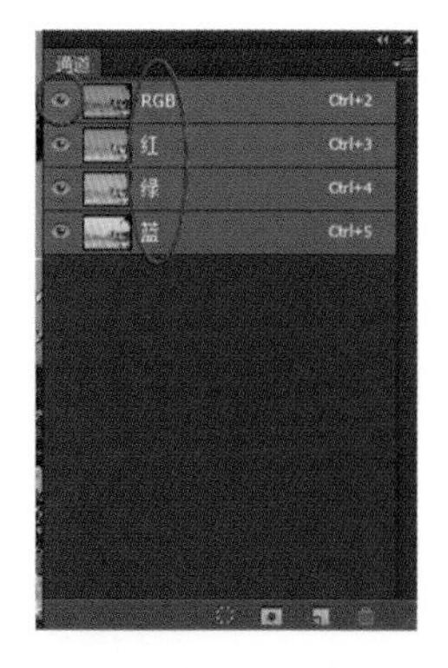

图 3–10 激活 3 个通道

（4）回到图层面板，指定最上面的图层 4 为当前图层。在工具箱中单击前景色图标，打开“拾色器（前景色）”对话框，设定 RGB 颜色为 R：255、G：0、B：0，这是 RGB 的纯红色，如图 3–11 所示，单击“确定”按钮退出。

按【Alt+Delete】组合键，在图层 4 中填充前景色为红色，出现红色图层，这就是原图像中所有的红色。如果暂时关闭背景图层，可以清楚地看到图像中所有红色的效果，如图 3–12 所示。

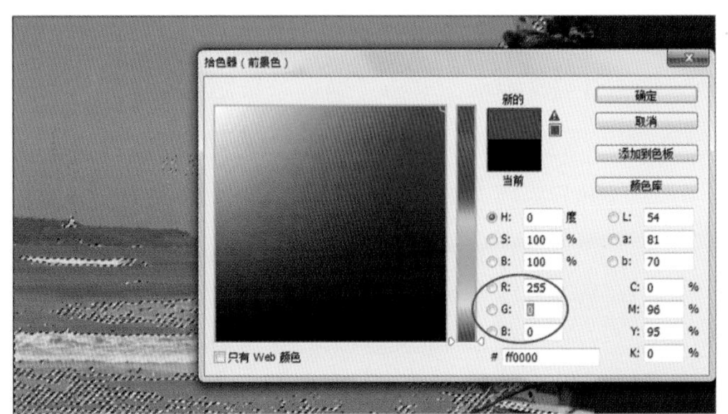

图 3–11 设置 RGB（纯红色）

图 3–12 红色图层

（5）做绿色图层，首先必须关闭图层 4，确认背景图层是打开的，图像恢复正常色彩效果。按【Ctrl+D】组合键取消现有选区，如图 3–13 所示。

（6）再次打开通道面板，在通道面板中单击选中绿色通道。换一种方法来载入绿色通道选区。按住【Ctrl】键的同时单击绿色通道，这样绿色通道的选区被载入，在图像中看到了蚂蚁线，如图 3–14 所示。

图 3–13 关闭图层 4

图 3–14 载入绿色通道选区

（7）单击 RGB 复合通道，所有通道都被激活，再次看到蚂蚁线。

（8）回到图层面板，指定图层 3 为当前图层。在工具箱中单击前景色图标，打开“拾色器（前景色）”对话框，设定 RGB 颜色为 R：0、G：255、B：0，这是 RGB 的纯绿色，如图 3-15 所示，单击“确定”按钮退出。

按【Alt+Delete】组合键，在图层 3 中填充前景色，出现绿色图层，这是图像中所有的绿色，如图 3-16 所示。

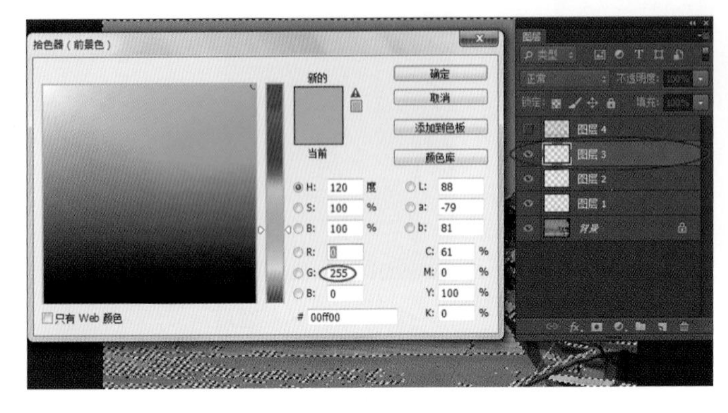

图 3-15　设置 RGB（纯绿色）

图 3-16　绿色图层

（9）做蓝色图层。关闭图层 3，看到正常颜色图像。打开通道面板，在通道面板中按住【Ctrl】键的同时单击蓝色通道，这样蓝色通道的选区被载入，在图像中可看到蚂蚁线，如图 3-17 所示。

注意：这次没有单击蓝色通道载入，因此也不用单击 RGB 复合通道返回。

回到图层面板，指定图层 2 为当前图层。在工具箱中单击前景色图标，打开“拾色器（前景色）”对话框，设定 RGB 颜色为 R：0、G：0、B：255，这是 RGB 的纯蓝色，如图 3-18 所示，单击“确定”按钮退出。

图 3-17　载入蓝色通道选区

图 3-18　设置 RGB（纯蓝色）

按【Alt+Delete】组合键，在图层 2 中填充前景色，出现蓝色图层。按【Ctrl+D】组合键取消选区，如图 3-19 所示。

（10）3 个颜色图层设置好了，再来设置图层混合模式。在图层面板上打开图层 4、图层 3，关闭背景图层，现在只能看到 3 个颜色图层的效果，如图 3-20 所示。

图 3-19　蓝色图层

图 3-20　3 个颜色图层的效果

指定图层 4 红色图层为当前图层，打开图层混合模式下拉框，选择“滤色”，将当前图层的混合模式设定为滤色模式，如图 3-21 所示。

按照刚才的操作方法，分别为图层 3 绿色图层和图层 2 蓝色图层设定图层混合模式为滤色模式。

（11）关闭背景图层，指定图层 1 为当前图层。在工具箱中单击默认前景色和背景色图标，或者在键盘上按【D】键，设置前景色为黑色。按【Alt+Delete】组合键，将前景色填入图层 1 中。最终效果如图 3-22 所示。

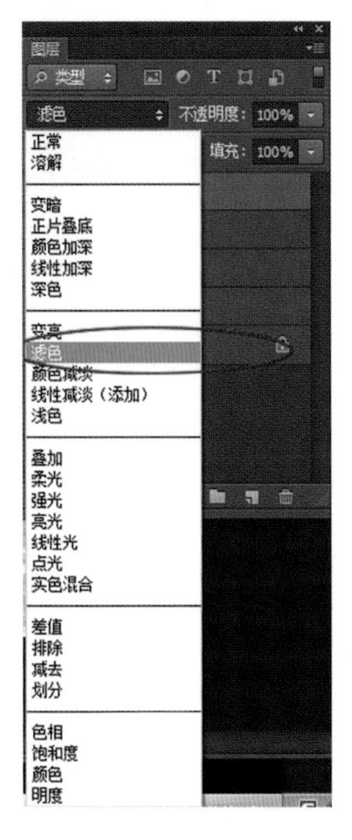

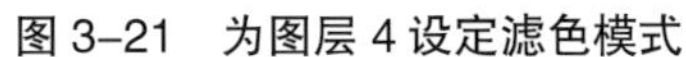

图 3-21　为图层 4 设定滤色模式

图 3-22　最终效果

通道就是某一种颜色的分布状况。RGB 模式的图像就是由红、绿、蓝 3 种颜色的图像，按照加色法的特定混合模式合成而来的。

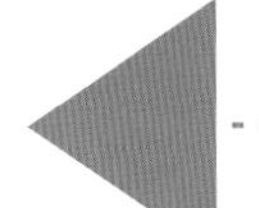

3.2 历史记录的使用

历史记录面板实质上就是记录过去操作步骤的工具。它以面板的形式执行“恢复”命令，可任意还原到指定的步骤。通过历史记录面板可返回 20 个步骤或者更多步骤，进而实现多级回退。

3.2.1　历史记录面板

当打开一个文档后，“历史记录”面板会自动记录每一次所做的动作（视图的缩放动作除外）。每一个动作在面板上占有一格，叫作状态。单击面板上任意一个状态，就可恢复到该状态。使用历史记录面板可以恢复到图像的上一个状态、删除图像的状态。

在 Photoshop 中打开一个文档时，Photoshop 默认设置一个快照。快照就是被保存的状态，单击历史记录面板上的“创建新快照”按钮，就可把当前状态作为快照形式保存下来。执行“窗口”→“历史记录”命令，可以打开历史记录面板，如图 3-23 所示。

3.2.2 设置历史记录选项

从历史记录面板菜单中选取“历史记录选项”命令，打开“历史记录选项”对话框，如图 3-24 所示。

图 3-23　历史记录面板

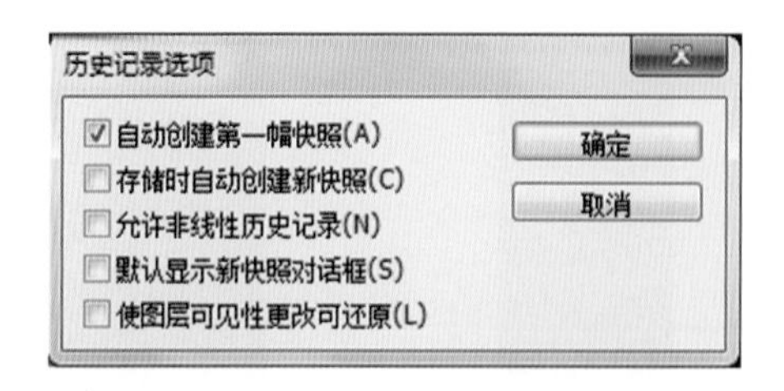

图 3-24　“历史记录选项”对话框

（1）自动创建第一幅快照：在打开文档时自动创建图像初始状态的快照。

（2）存储时自动创建新快照：在每次存储时生成一个快照。

（3）允许非线性历史记录：更改所选状态但不删除随后的状态，在通常情况下，选择一个状态并更改图像时，所选状态后的所有状态都将被删除，这使历史记录面板能够按照所要求的操作顺序显示编辑步骤列表，通过以非线性方式记录状态，可以选择某个状态、更改图像并且只删除该状态，更改将附加到列表的最后。

（4）默认显示新快照对话框：可强制 Photoshop 提供快照名称。

（5）使图层可见性更改可还原：可还原对图层可见性所做的更改。

3.2.3 创建图像的快照

用“创建新快照”按钮可以创建图像在任何状态下的临时复制文件。快照类似于历史记录面板中列出的状态，但它还具有一些其他状态。

（1）能够命名快照，使它更容易识别。

（2）在整个工作绘画过程中，可以随时存储快照。

（3）很容易就可以比较效果。例如，可以在应用滤镜前、后创建快照，然后选择第一个快照并尝试在不同的设置情况下应用同一个滤镜。在各快照之间切换，找出最喜爱的设置。

（4）利用快照，可迅速恢复以前的工作。可以在使用较复杂的技术或应用一个动作时，先创建一个快照。若对结果不满意，可选择该快照来还原所有步骤。

（5）快照不随着图像存储，在关闭图像时其快照会被删除。

选择一个快照后再更改图像，将会删除历史记录面板中当前列出的所有状态，但选择“非线性历史记录”选项除外。

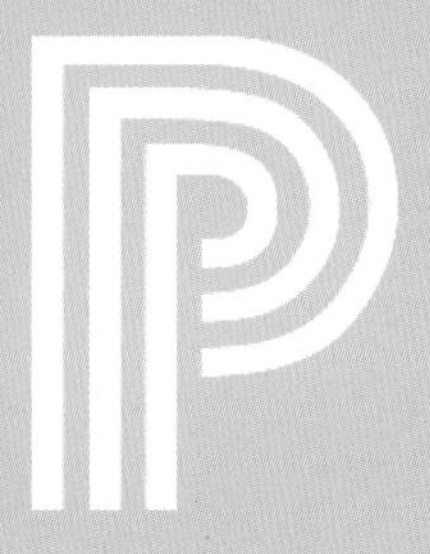

Photoshop CS6 Shixun Jiaocheng

第四章

路径的应用

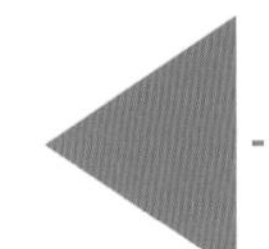

4.1 创建路径

钢笔工具属于矢量绘图工具，其优点是可以勾画平滑的曲线，在缩放或者变形之后仍能保持平滑效果。

用钢笔工具画出来的矢量图形称为路径，路径的类型分为封闭状或开放状，如果把起点与终点重合绘制就可以得到封闭的路径。

4.1.1 使用钢笔工具

1. 绘制直线路径

(1) 新建一个空白文档。

(2) 在工具箱中选择钢笔工具（快捷键 P），如图 4-1 所示。

(3) 在钢笔工具的工具栏中选择工具模式为“路径”，如图 4-2 所示。

图 4-1 选择钢笔工具

图 4-2 选择“路径”

(4) 用钢笔工具在画面中单击，为路径的起点，然后移动鼠标到另一处单击，即在起点与该位置之间创建了一条线段。重复该操作即可创建一条由多条线段构成的折线路径，如图 4-3 所示。

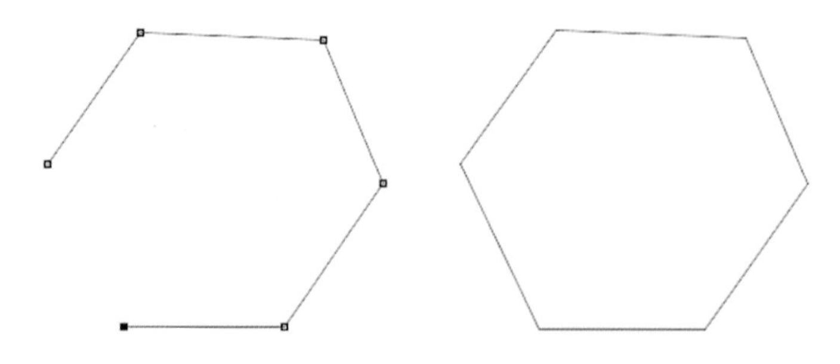

图 4-3 开放直线路径和封闭直线路径

注意：保持按住【Shift】键可以让所绘制的点与上一个点保持 45° 整数倍夹角（比如 0°、90°）。

以上路径的点称为“锚点”，锚点间的线段称为“片断”。图 4-3 中的锚点，由于它们之间的线段都是直线，所以又称它们为直线型锚点。

2. 绘制曲线路径

(1) 新建一个空白文档。

（2）在工具箱中选择钢笔工具，在钢笔工具的工具栏中选择工具模式为“路径”。

（3）用钢笔工具在画面中单击，按住鼠标左键不放并拖动，可以从起点处建立一条控制手柄，释放鼠标左键，再到另一处单击，即可在两点之间创建一条曲线路径，重复该操作即可创建一条由多条线段构成的曲线路径，如图 4-4 所示。

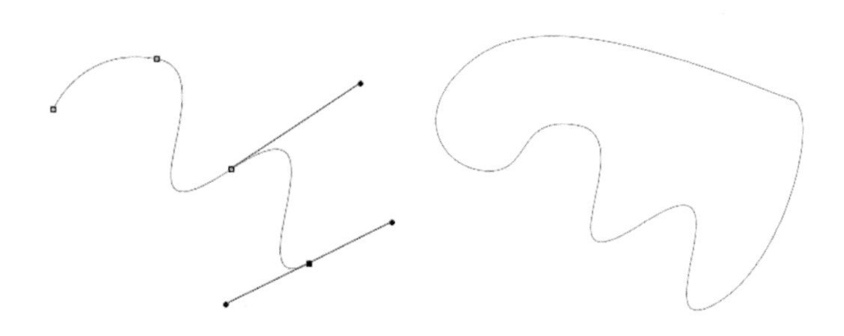

图 4-4　开放曲线路径和封闭曲线路径

4.1.2　使用自由钢笔工具

自由钢笔工具可以绘制比较随意的图形，像使用铅笔在纸上画线一样。按住鼠标左键并拖动，线段开始形成，释放鼠标则线段终止，鼠标拖动的轨迹就是路径的形状。当鼠标拖动到线段的初始点时，锚点的右下端会出现一个圆圈，单击可以闭合路径。

在绘制过程中，将自动添加锚点，无须确定锚点位置，完成路径后可进一步对其进行调整，如图 4-5 所示。

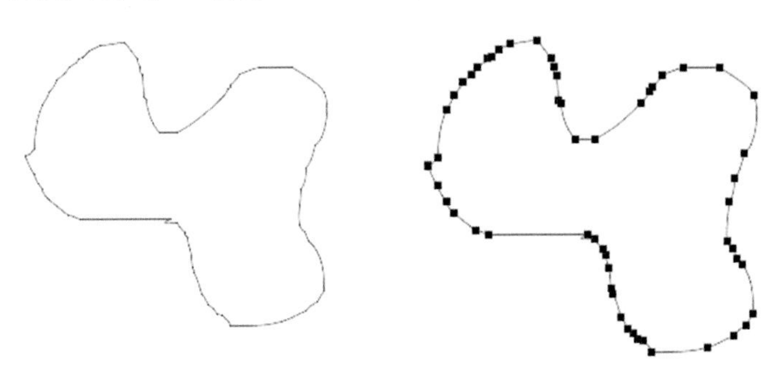

图 4-5　绘制路径和自动添加锚点路径

选中自由钢笔工具的工具栏中的“磁性的”复选框，自由钢笔工具的使用方法与套索工具非常相似。自由钢笔工具的最大作用是选择图形对象。

4.1.3　使用形状工具

1. 使用矩形工具和椭圆工具

选择矩形工具或椭圆工具，如图 4-6 所示。

在新建文档上拖动鼠标，即可创建矩形或椭圆路径，如图 4-7 所示。

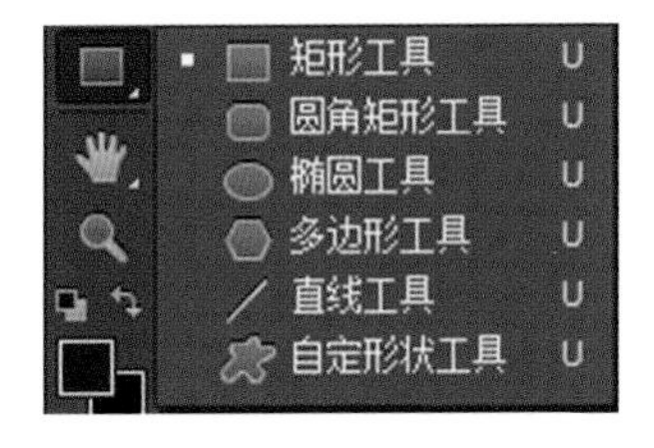

图 4-6　选择矩形工具或椭圆工具

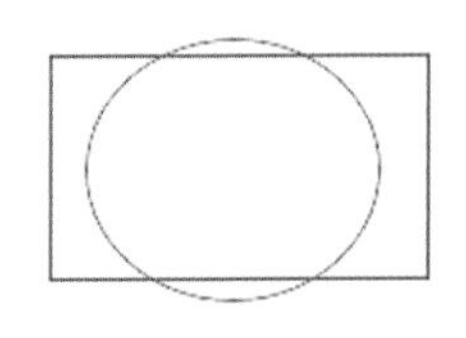

图 4-7　创建矩形和椭圆路径

注意：按下【Shift】键不放，可以创建正方形或圆形路径。

用形状工具创建的路径都不显示锚点，只有形状处于被选中状态时才会显示，均有 4 个锚点。

2. 使用圆角矩形工具

使用圆角矩形工具，可以创建对称的多边形路径。当选择圆角矩形工具时，在工具栏中会出现一个设定半径的像素值，这个值直接决定圆角的大小。

图 4-8　多边形选项面板

3. 使用多边形工具

使用多边形工具，可以创建对称的多边形路径。当选中多边形工具时，在工具栏中会有一个“边”选项，这个值决定多边形的边数，如图 4-8 所示。

单击“集合选项”工具按钮，将打开多边形选项面板，如图 4-8 所示。在该面板中可以设置多边形的属性。“半径”文本框设置像素值，可以使多边形具有固定的半径；选中“平滑拐角”，可以对多边形的拐角进行平滑处理；选中“星形”，就会产生星形多边形；在“缩进边依据”文本框中输入 1% ~ 100%，用来决定边缩进的程度；选中“平滑缩进”，将对缩进拐角进行平滑处理。

图 4-9 和图 4-10 为选项设置举例。

图 4-9　选择“星形”绘制的路径

图 4-10　选择“平滑拐角”和“平滑缩进”绘制的路径

4. 使用直线工具

如果不对直线工具的参数进行任何修改，则与钢笔工具绘制的直线没有任何区别。

选择直线工具，单击工具栏中的“几何选项”下拉按钮，将打开箭头面板，如图 4-11 所示。

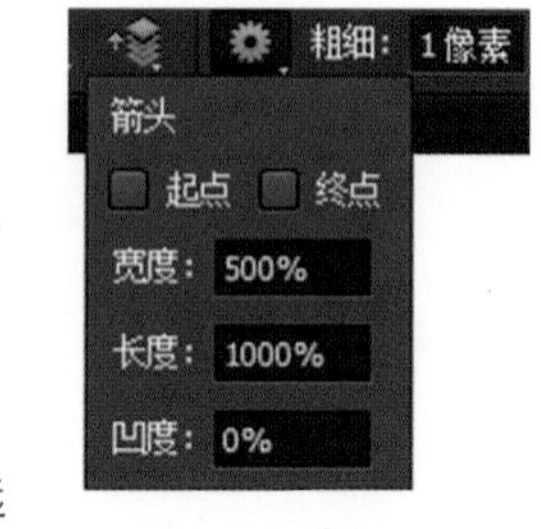

图 4-11　箭头面板

在直线工具的工具栏中，“粗细”的像素值决定直线的宽度。

在箭头面板中，选中“起点”或“终点”，将绘制一个起点或终点箭头，如果两者都选中，则绘制双箭头。

宽度：决定箭头的宽度，数值为 10% ~ 1000% 的百分比值。

长度：决定箭头的长度，数值同宽度。

凹度：决定箭头的凹凸程度，为 -60% ~ 60%。

图 4-12 至图 4-14 为箭头面板参数设置举例。

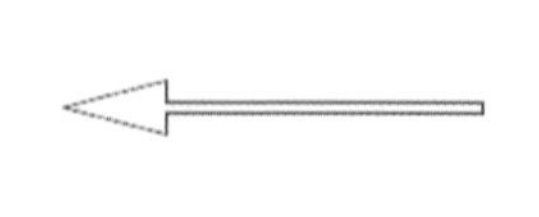
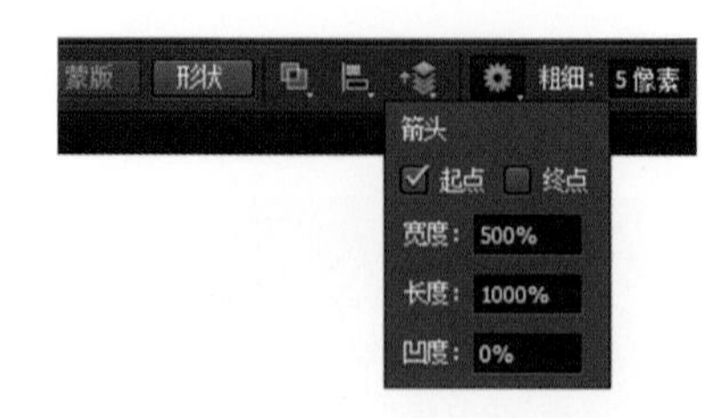

图 4-12　带有起点的箭头

图 4-13　凹度为正值的双箭头

图 4-14　凹度为负值的双箭头

5. 使用自定形状工具

使用自定形状工具，可以自定义路径的形状。选择自定形状工具，在该工具的工具栏中有一个“形状”选项，单击“形状”下拉按钮，出现图 4-15 所示形状选择面板。

图 4-15　形状选择面板

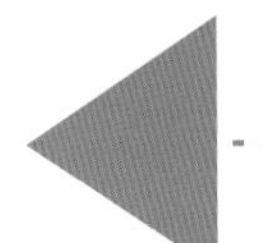

4.2 编辑路径

使用工具箱中的添加锚点工具、删除锚点工具、转换点工具、路径选择工具和直接选择工具可以对锚点进行编辑，如图 4-16 所示。

图 4-16　编辑路径的工具

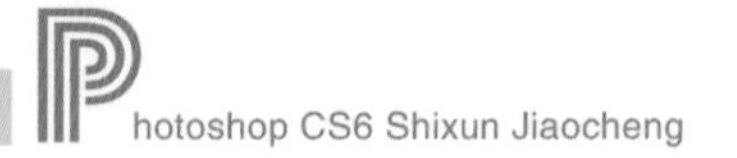

1. **使用添加锚点工具**

绘制一个路径文件，在工具箱中选择添加锚点工具，在路径上单击鼠标，该位置将会增加一个锚点，如图 4–17 所示。

2. **使用删除锚点工具**

在工具箱中选择删除锚点工具，在路径上单击要删除的锚点，该位置的锚点将会被删除，如图 4–18 所示。

图 4–17　为路径添加锚点　　图 4–18　删除选中的锚点

3. **使用转换点工具**

转换点工具可以将平滑点转换成拐点，也可以将拐点转换为平滑点。

绘制一个五边形路径文件，如图 4–19 所示，在工具箱中选择转换点工具，在路径的一个锚点处向外拖动鼠标，即可产生与原方向相反、长度相同的控制手柄，并将该锚点转换为平滑点。

4. **使用路径选择工具**

使用路径选择工具可以选择和移动整个路径。在工具箱中选择路径选择工具，将鼠标移动到路径上即可移动整个路径。

注意：按下【Shift】键，选择多个路径；框选也可选择多个路径，如图 4–20 所示。

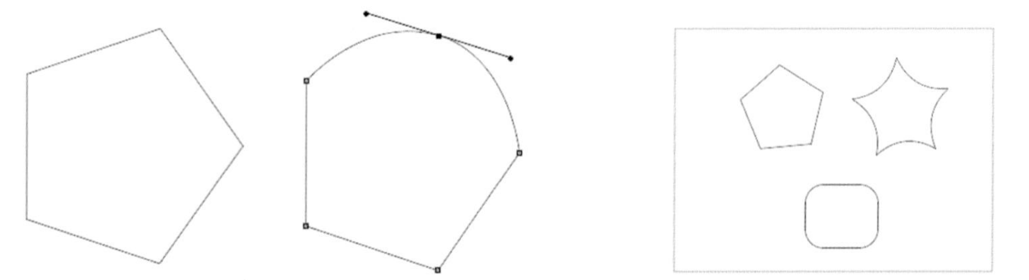

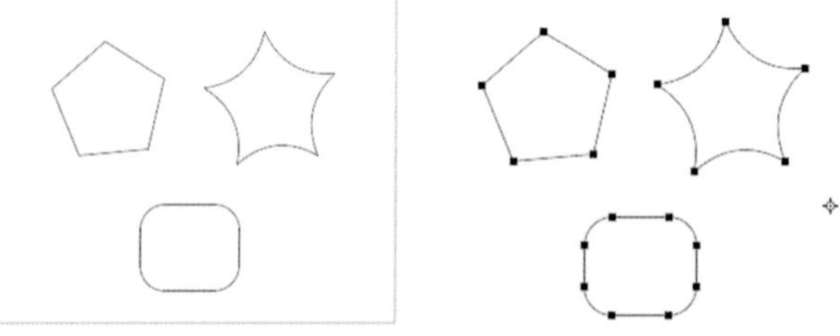

图 4–19　把直线锚点转换为曲线锚点　　图 4–20　框选

注意：在选择和移动路径的同时按住【Alt】键，可以复制该路径。同时按下【Alt】和【Shift】键，可以水平复制该路径。

5. **使用直接选择工具**

使用直接选择工具可以选择路径中的一部分路径，使原来的路径产生变形。在工具箱中选择直接选择工具，将鼠标移动到部分路径上即可对其移动，如图 4–21 所示。

6. **使用路径面板**

使用路径面板可以对路径完成特定的管理和编辑。执行“窗口”→“路径”命令，打开路径面板，如图 4–22 所示。

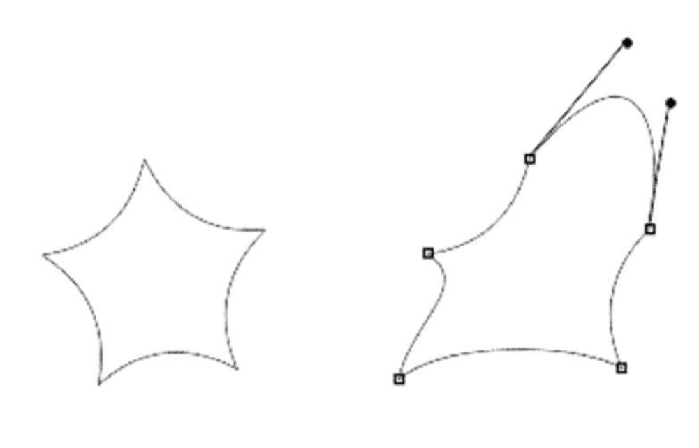

图 4-21　原路径和移动锚点及片段后的路径

图 4-22　路径面板

在路径面板下部有七个操作按钮。

按从左到右的顺序，按钮的功能为：

第一个是用前景色填充路径；

第二个是用画笔描边路径；

第三个是将路径作为选区载入；

第四个是从选区生成工作路径；

第五个是添加蒙版；

第六个是创建新路径；

第七个是删除当前路径。

1）路径填充

当路径创建并编辑完成后，可以对其进行填充操作，使其成为带有各种效果的图像。

绘制圆形路径，单击路径面板右上角的三角按钮，从弹出的菜单中选择“填充路径”命令，将弹出图 4-23 所示的对话框。

2）路径描边

利用“描边路径”命令可以制作简单的发光效果。

方法是选择较暗的背景和较亮的前景色，选择较柔软、较粗的画笔进行路径描边，然后选择渐亮的前景色和渐硬、渐细的画笔，执行多次“描边路径”命令，最后用最亮的颜色和最细的画笔再次执行“描边路径”命令，效果如图 4-24 所示。

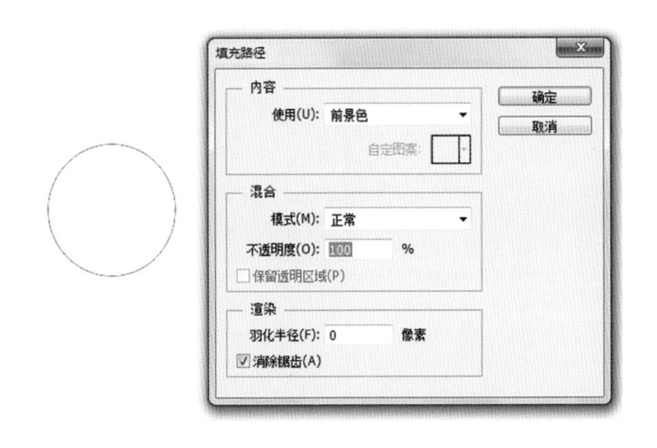

图 4-23　“填充路径”对话框

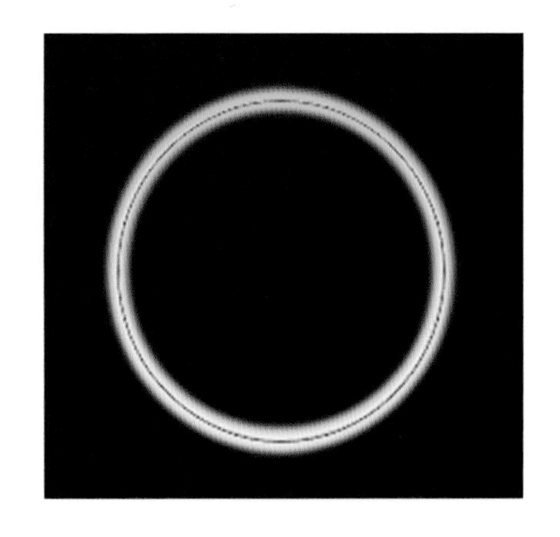

图 4-24　描边后的最终效果

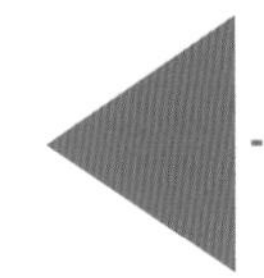

4.3 应用路径制作实例

4.3.1 花瓣图形制作

本小节将通过制作花瓣图形掌握钢笔工具的使用方法。完成效果如图 4–25 所示。

（1）执行“文件”→“新建”命令，建立图 4–26 所示的图幅。

图 4–25 花瓣图形制作效果

图 4–26 花瓣图形制作步骤（1）

（2）执行“视图”→“标尺”命令，将标尺显示出来，在标尺上按住鼠标左键拖动出相应的参考线到指定位置。使用 工具通过在参考线相应位置单击创建出锚点线段，如图 4–27 所示。

（3）如图 4–28 所示，将鼠标移动到第一个锚点位置，当出现闭合符号后单击鼠标左键完成第三个锚点。

图 4–27 花瓣图形制作步骤（2）　　图 4–28 花瓣图形制作步骤（3）

（4）用 工具分别在上、下锚点上单击鼠标左键并向画布侧方拖动，出现控制句柄，将其移动，调节到图 4-29 所示的形态。

（5）继续使用 工具分别调节 4 个控制句柄，调整到图 4-30 所示的形态。

图 4-29　花瓣图形制作步骤（4）　　图 4-30　花瓣图形制作步骤（5）

（6）把该路径转换为选区，并填充如图 4-31 所示颜色。

（7）使用 工具选择花瓣，单击鼠标右键在快捷菜单中选择“自由变换路径”命令，按住【Alt】键的同时在辅助线交汇处单击鼠标左键，定位图形旋转轴心，如图 4-31 所示。

（8）在工具栏中将 设置为 60° 。按【Enter】键两次，按【Shift+Ctrl+Alt+T】键，多次重复该操作，直到出现图 4-32 所示效果，将最下部的花瓣按【Delete】键删除。

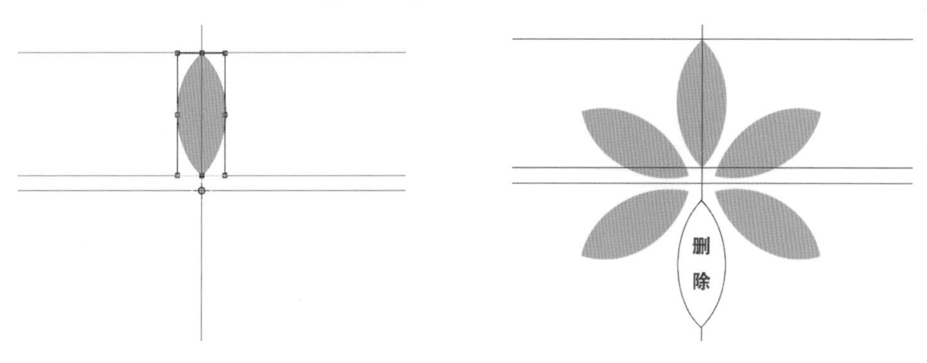

图 4-31　花瓣图形制作步骤（6）　　图 4-32　花瓣图形制作步骤（7）

（9）使用 工具选择左下角处的花瓣，单击鼠标右键，在快捷菜单中选择“自由变换路径”命令，按住【Alt】键的同时在辅助线交汇处单击鼠标左键，定位图形旋转轴心。按【Shift】键向内进行缩放，如图 4-33 所示。

（10）使用 工具选择右下角处的花瓣，单击鼠标右键在快捷菜单中选择“自由变换路径”命令，按【Shift】键进行缩放。完成编辑并保存为“花瓣.psd”文件，效果如图 4-34 所示。

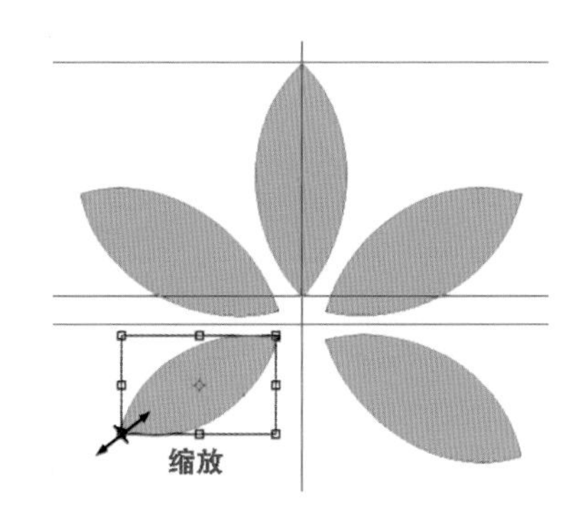

图 4-33　花瓣图形制作步骤（8）

图 4-34　花瓣图形制作步骤（9）

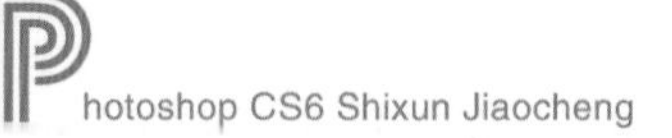

4.3.2 标志制作

（1）执行“文件”→“新建”命令，建立图 4–35 所示的图幅。

（2）执行“视图”→“标尺”命令，将标尺显示出来，在标尺上按住鼠标左键拖动出相应的参考线到指定位置。

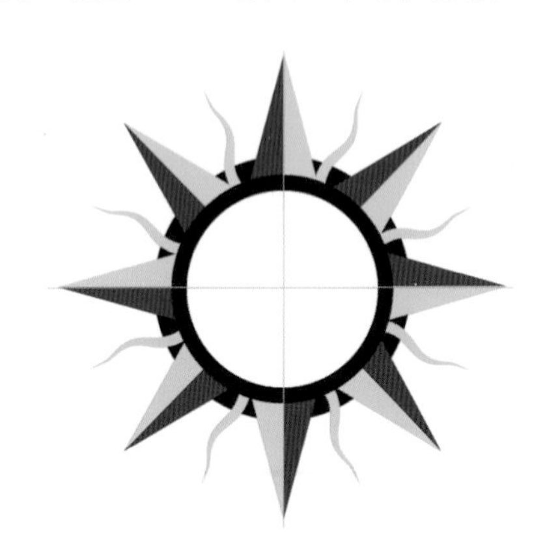

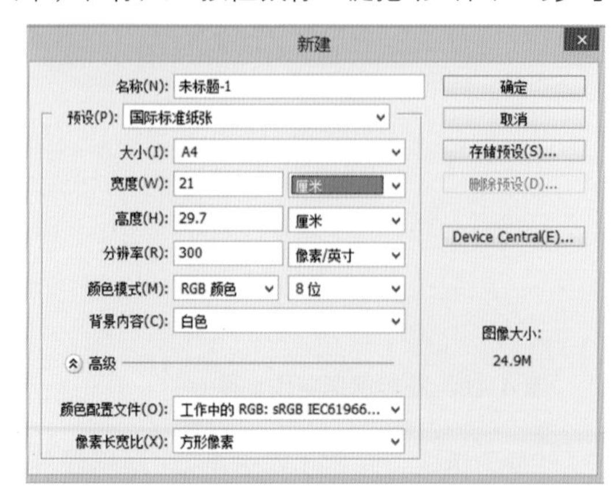

图 4–35 标志制作步骤（1）

新建图层，使用 工具通过在参考线相应位置单击创建出锚点线段，如图 4–36 所示。

（3）在绘制路径上单击右键，选择“建立选区”命令，并按【Alt+Delete】键为其填充前景色，如图 4–37 所示。

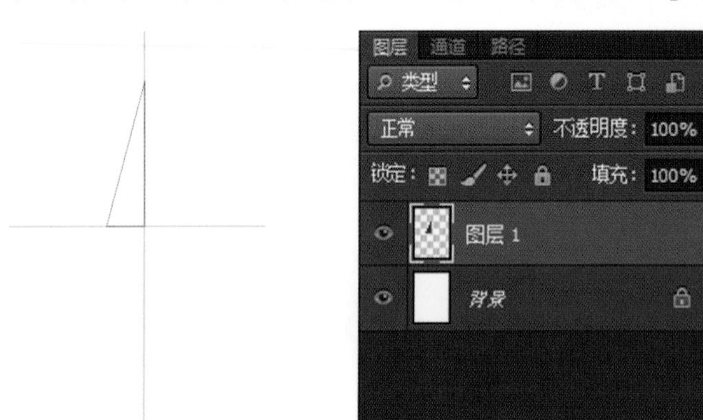

图 4–36 标志制作步骤（2）

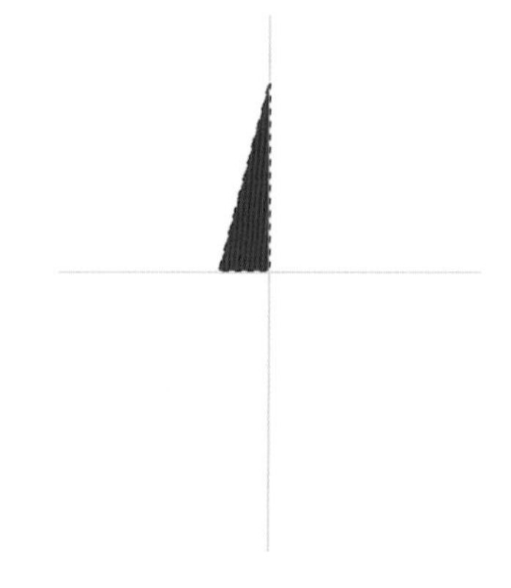

图 4–37 标志制作步骤（3）

（4）复制该图层，通过自由变换工具，做出如图 4–38 所示效果，并填充颜色。

（5）合并可见图层，并按【Ctrl+T】键把轴心点放置在标尺的中心位置，旋转 45° ，使其以标尺中心为圆心，进行旋转操作，如图 4–39 所示。

图 4–38 标志制作步骤（4）

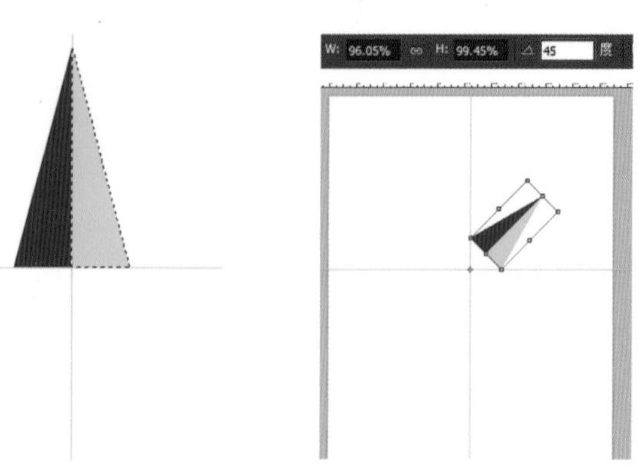

图 4–39 标志制作步骤（5）

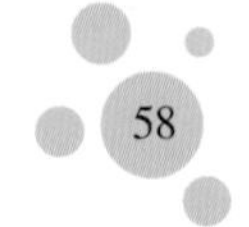

（6）复制 8 个图形并调整，形成如图 4-40 所示图形。

（7）新建图层，使用椭圆工具，按住【Shift】键在圆心处绘制圆形路径，更改为选区，填充颜色，并置于星形图层下方，如图 4-41 所示。

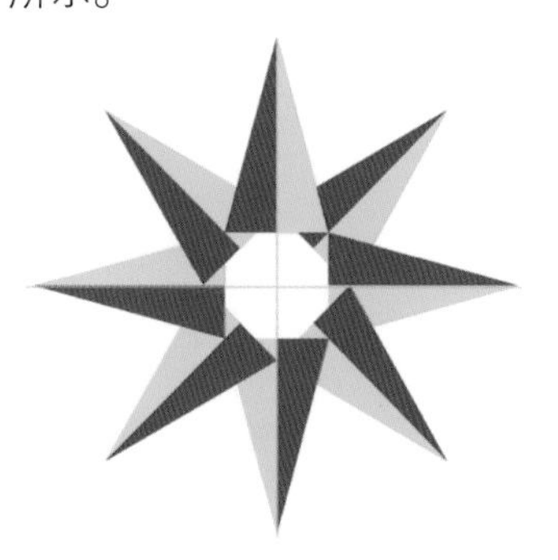

图 4-40　标志制作步骤（6）

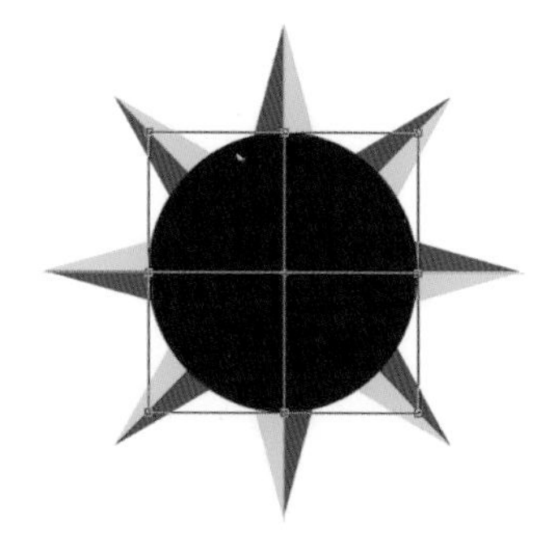

图 4-41　标志制作步骤（7）

（8）继续绘制圆形路径，方法同上，如图 4-42 所示。

（9）继续在圆心处绘制圆形路径，方法同上，如图 4-43 所示。

（10）隐藏全部图层，新建图层并绘制图 4-44 所示的路径，并为其填充颜色。

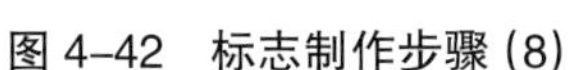

图 4-42　标志制作步骤（8）

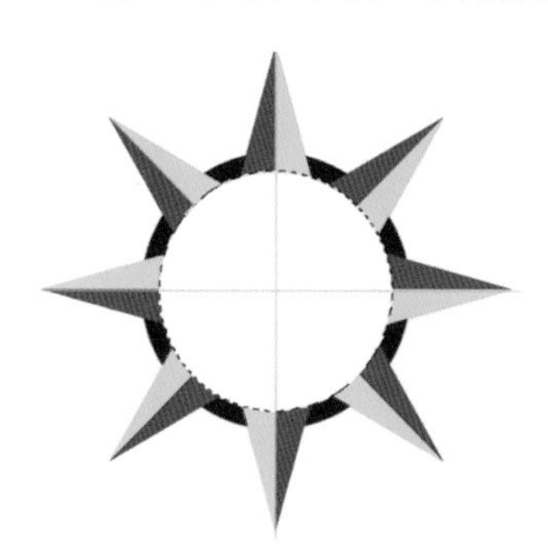

图 4-43　标志制作步骤（9）

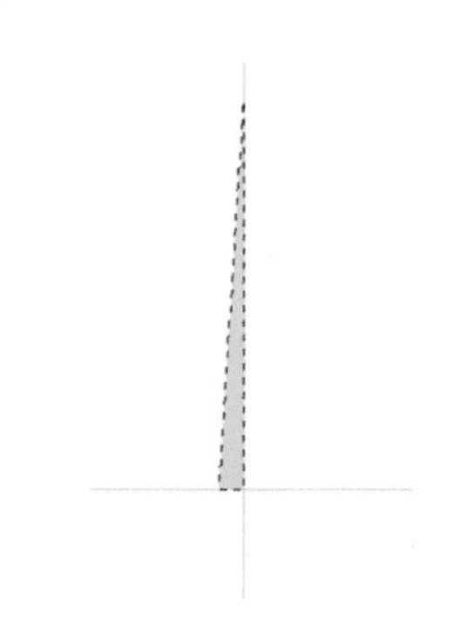

图 4-44　标志制作步骤（10）

（11）选择 “滤镜”→“液化” 命令，为该图形进行旋转液化扭曲操作，效果如图 4-45 所示。

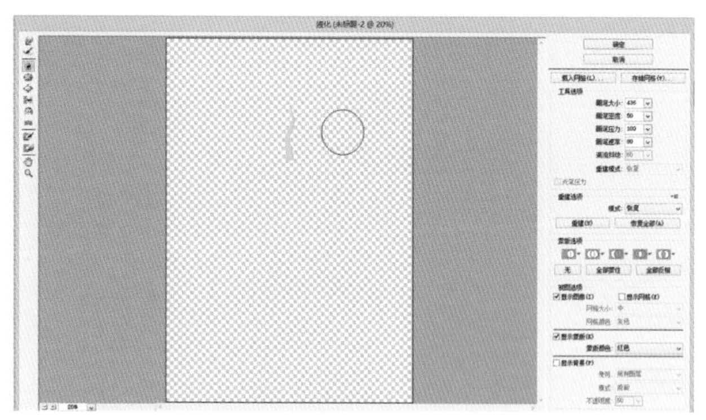

图 4-45　标志制作步骤（11）

（12）进行图 4-46 所示操作，旋转，复制。

（13）显示全部图层，最终效果如图 4-47 所示。

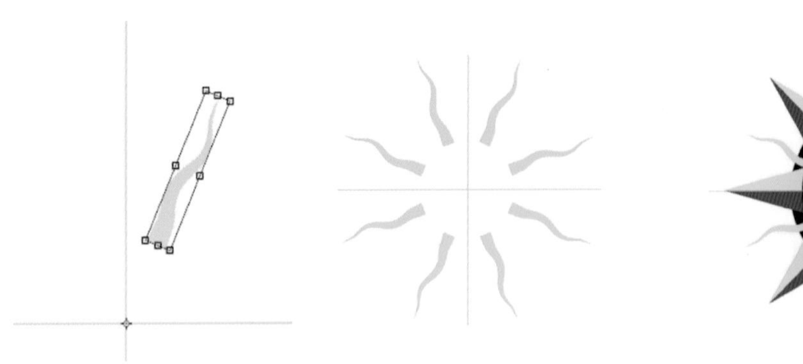

图 4-46　标志制作步骤 (12)

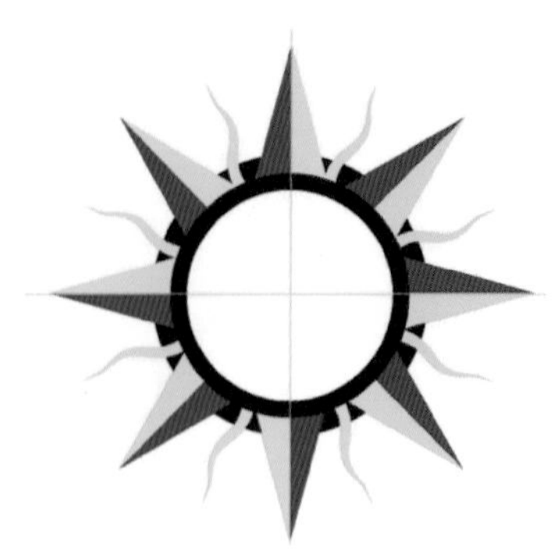

图 4-47　标志制作步骤 (13)

4.3.3 星光背景制作

本小节学习制作星光背景图案，完成效果如图 4-48 所示。

(1) 执行“文件”→“新建”命令，建立图 4-49 所示的图幅。

图 4-48　星光背景制作效果

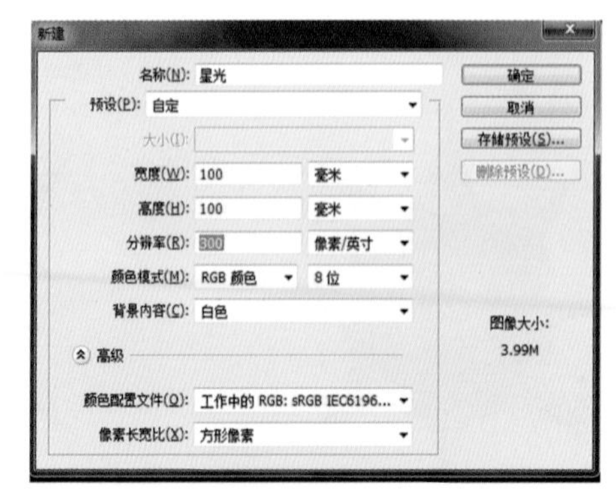

图 4-49　星光背景制作步骤 (1)

(2) 使用渐变工具将颜色改为橘黄色，明度渐变，进行背景填充，如图 4-50 所示。

(3) 执行“视图”→“标尺”命令，将标尺显示出来，左键拖动出相应的参考线到指定位置。使用椭圆工具，参照参考线相应位置按【Shift】和【Alt】键创建出圆形路径，如图 4-51 所示。

图 4-50　星光背景制作步骤 (2)

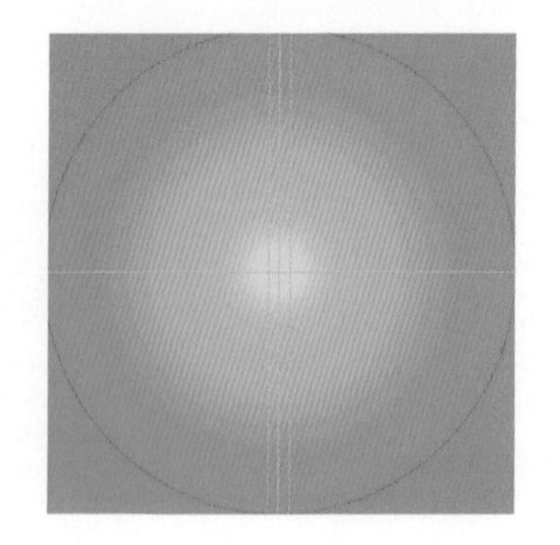

图 4-51　星光背景制作步骤 (3)

(4) 通过钢笔工具绘制图 4-52 所示的路径。

(5) 把路径更改为选区，填充白色。

单击鼠标右键，在快捷菜单中选择“自由变换路径”命令，按住【Alt】键的同时在辅助线中心处单击鼠标，定位图形轴心点到中心处，进行图形旋转的轴心定位，如图 4-53 所示。

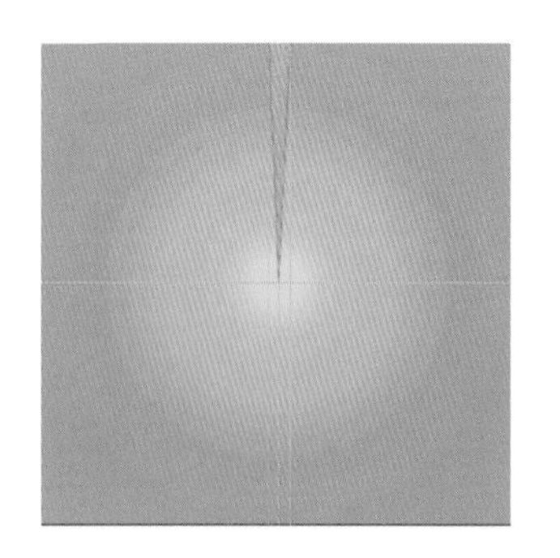

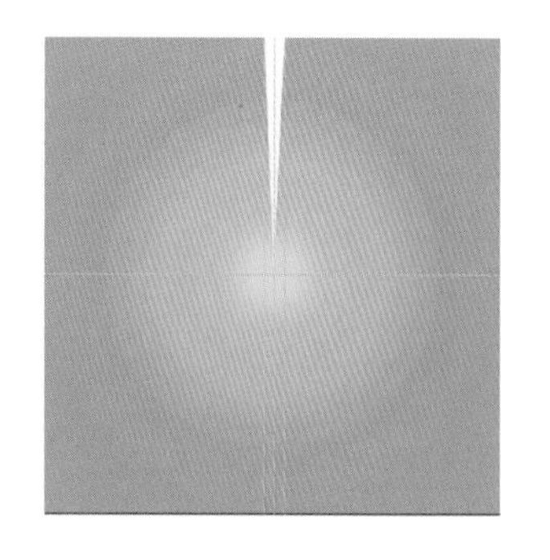

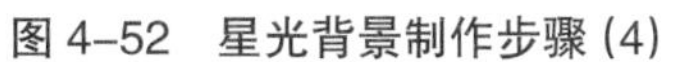

图 4-52 星光背景制作步骤 (4)　　图 4-53 星光背景制作步骤 (5)

(6) 在工具栏中将 设置为 15° 。按【Enter】键两次，按【Shift+Ctrl+Alt+T】键，多次重复该操作，直到出现图 4-54 所示效果。

(7) 合并可见图层，使用 以圆心画圆，输入羽化值 100 像素，使用快捷键【Shift+Ctrl+I】进行反选操作，并用【Delete】键删除，出现图 4-55 所示效果。

图 4-54 星光背景制作步骤 (6)

图 4-55 星光背景制作步骤 (7)

(8) 新建图层，制作图 4-56 所示效果，叠加到上一图层。

(9) 用钢笔工具画出星星路径，填充为白色。

星光背景制作完毕，最终效果如图 4-57 所示。

图 4-56 星光背景制作步骤 (8)

图 4-57 星光背景制作步骤 (9)

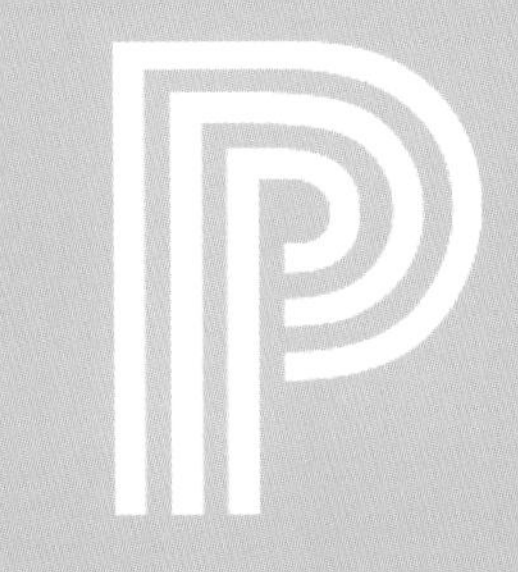

Photoshop CS6 Shixun Jiaocheng

第五章

创建与编辑选区

选区是指通过工具或者相应命令在图像上创建的选取范围。创建选取轮廓后，可以将选区内的区域进行隔离，以便复制、移动、填充或颜色校正。因此，要对图像进行编辑，首先要了解在 Photoshop CS6 中创建选区的方法和技巧。

5.1 创建选区

在设置选区时，特别要注意 Photoshop 软件是以像素为基础的，而不是以矢量为基础的。在以矢量为基础的软件中，可以用鼠标直接对某个对象进行选择或者删除。而在 Photoshop 中，画布是以彩色像素或透明像素填充的。当在工作图层中对图像的某个区域创建选区后，该区域的像素将会处于被选取状态，此时对该图层进行相应编辑时被编辑的范围将只局限于选区内。创建的选区可以是连续的，也可以是分开的。

在 Photoshop CS6 中用来创建选区的工具主要分为创建规则选区与不规则选区两大类，分别集中在选框工具组、套索工具组和魔棒工具组 3 组工具中以及“色彩范围”命令。

5.1.1 选框工具组

使用矩形选框工具创建的选区如图 5–1 所示。

使用椭圆选框工具创建的选区如图 5–2 所示。

图 5–1 使用矩形选框工具创建选区

图 5–2 使用椭圆选框工具创建选区

矩形选框工具主要应用在对图像选区要求不太严格的图像中。创建选区的方法非常简单。

（1）打开一张图片，默认状态下在工具箱中单击矩形选框工具。

（2）在图像上选择一点，按住鼠标左键向对角处拖动，松开鼠标后便可创建矩形选区。

注意：每个选框工具在按住【Shift】键时建立的都是正形选区(比如正方形，正圆形)；

按住【Alt】键时建立的都是从绘制选区中心扩展的选区；

按住【Shift】键和【Alt】键时建立的是从绘制选区中心扩展的正形选区，不过需要注意的是，这些都是对于单个选区而言的；

对于多个选区，按住【Shift】键是选区相加，按住【Alt】键是选区相减，按住【Shift】键和【Alt】键是选区相交。

创建长或宽为一个像素的选区时使用单行选框工具和单列选框工具。

单行选框工具可以建立一个像素宽的横线选区，使用单列选框工具可以创建一个像素宽的竖线选区，如图5-3所示。

图5-3 使用单行、单列选框工具创建选区

5.1.2 选框工具的选项栏

选框工具中各个工具的选项设置大致相同，本小节将以矩形选框工具为例，对选框工具的选项栏进行详细的介绍。图5-4所示为矩形选框工具的工具栏。

图5-4 矩形选框工具的工具栏

1. 添加到选区

在已存在选区的图像中拖动鼠标绘制新选区，如果与原选区相交，则组合成新的选择区域；如果选区不相交，则新创建另一个选区。

2. 从选区减去

在已存在选区的图像中拖动鼠标绘制新选区，如果选区相交，则合成的选择区域会刨除相交的区域；如果选区不相交，则不能绘制出新选区。

3. 与选区交叉

在已存在选区的图像中拖动鼠标绘制新选区，如果选区相交，则合成的选择区域会只留下相交的部分；如果选区不相交，则不能绘制出新选区。

4. 羽化选区 羽化：0像素

应用工具栏中“羽化”功能可以将选择区域的边界进行柔化处理，在数值文本框中输入数值即可。其取值范围为0～255像素。范围越大，填充或删除选区内的图像时边缘就越模糊，如图5-5所示。

图 5-5　羽化值为 150 像素，清除选区后的效果

5.1.3　创建不规则选区

所谓不规则选区，指的是随意性强、不被局限在几何形状内，可以是鼠标任意创建的，也可以是通过计算而得到的单个选区或多个选区。在 Photoshop 中可以用来创建不规则选区的工具被分组放置到套索工具组、魔棒工具组中。

1. 套索工具

套索工具可以在图像中创建任意形状的选择区域，通常用来创建不太精细的选区，使用该工具创建选区的方法非常简单，就像手中拿只铅笔绘画一样，如图 5-6 所示。

2. 多边形套索工具

使用多边形套索工具可以绘制不规则的多边形选区，并且创建的选区还很精确。

用法：在图像上选择一点后单击鼠标左键，拖动指针到另一点后单击鼠标左键，依此类推，直到终点与起始点相交时，双击鼠标左键完成选区的创建。

3. 磁性套索工具

使用磁性套索工具能自动捕捉具有反差颜色的对比边缘，并基于此边缘来创建选区，因此非常适合选择背景复杂但对象边缘对比度强烈的图像，选择起始点后，在图像边缘拖动鼠标即会自动创建选区 ，如图 5-7 所示。

图 5-6　使用套索工具创建选区

图 5-7　使用磁性套索工具创建选区

4. 魔棒工具

魔棒工具通常用来快速创建图像颜色相近像素的选区，在图像某个颜色像素上单击鼠标，系统会自动创建该像素的选区，如图 5-8 所示。

图 5-8 使用魔棒工具创建选区

5. 快速选择工具

使用快速选择工具可以快速在图像中对需选取的部分建立选区，使用方法非常简单，通常用来快速创建精确选区。

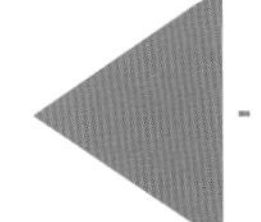

5.2 编辑选区

可以对选区进行复制、粘贴、变换、填充及描边等操作。

5.2.1 拷贝、剪切、粘贴选区内容

在图像中创建选区后，执行“编辑”→“拷贝”命令或“编辑”→“剪切”命令，可以将选区内的图像进行复制（保留到剪贴板中），再通过“编辑”→“粘贴”命令将选区内的图像粘贴，此时被选取的区域会自动生成新的图层并取消选区。

应用“拷贝”与“粘贴”命令，被复制的区域还会存在；应用“剪切”与“粘贴”命令，剪切后的区域将不存在，如果在背景图层中执行该命令，被剪切的区域会被背景色填充（见图 5-9）。

5.2.2 填充选区

创建选区后，执行菜单“编辑”→“填充”命令，即可打开图 5-10 所示的“填充”对话框。

图 5-9 填充背景色后的效果

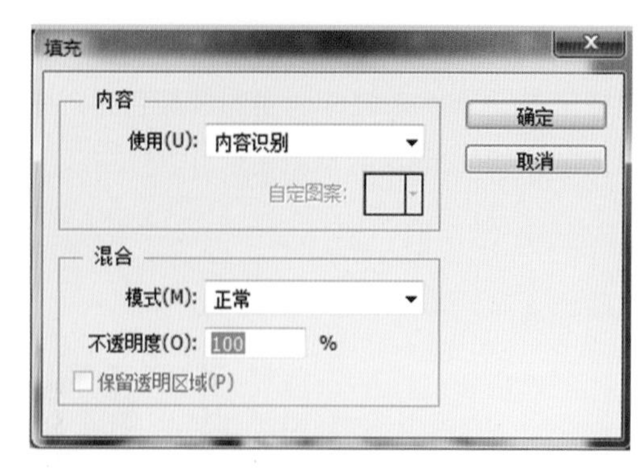

图 5-10 “填充”对话框

5.2.3 描边选区

创建选区后，通过“描边”命令可以为创建的选区建立内部、居中或居外的描边，执行菜单“编辑”→“描边”命令，即可打开图 5-11 所示的“描边”对话框。

图 5-11 “描边”对话框

在“位置”部分选择内部、居中或居外，单击“确定”按钮后，描边效果分别如图 5-12 所示。

描边内部

描边居外

描边居中

图 5-12 描边效果

5.2.4 变换选区

变换选区内容指的是可以改变创建选区内图像的形状。在图像中创建选区后，执行“编辑”→“自由变换路径”命令或按【Ctrl+T】键调出变换框，在弹出的子菜单中可以选择具体的变换样式，如选择旋转与变形等命令，效果如图 5-13 所示。

图 5-13 旋转变换和变形变换

5.2.5 扩大选取与选取相似

“扩大选取”命令可以将选区扩大到与当前选区相连的相同像素，如图 5-14 所示。

图 5-14 扩大选取后的范围

“选取相似”命令可以将图像中与选区相同像素的所有像素都添加到选区，如图 5-15 所示。

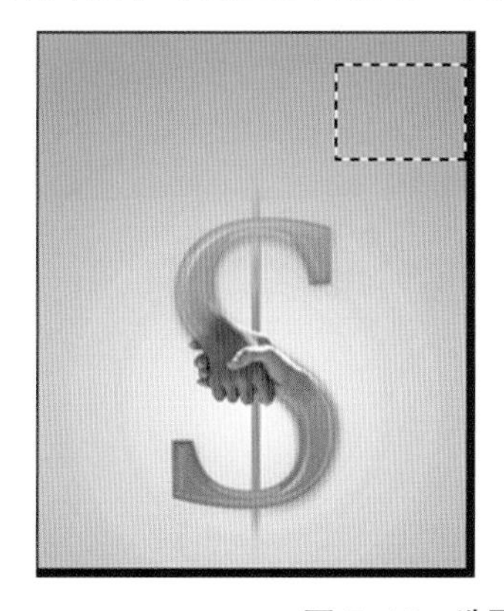

图 5-15 选取相似后的范围

5.2.6 反选选区

在 Photoshp 中往往创建选区后，很多情况下要对选区外面的区域进行编辑，这时可以执行菜单“选择”→“反向”命令或按【Ctrl+Shift+I】键，即可将选区反选。

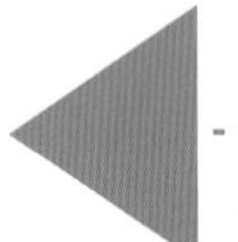

5.3 调整选区

5.3.1 调整边缘

“调整边缘”命令可以对已经创建的选区进行显示半径、对比度、平滑和羽化等调整。

创建选区后执行菜单“选择”→“调整边缘”命令，可以打开“调整边缘”对话框，如图 5-16 所示。

图 5-16 “调整边缘”对话框

5.3.2 “边界”命令

使用“边界”命令可以在原选区的基础上向内、外两边扩大选区，扩大后的选取范围会形成新的选区。创建选区后，执行菜单“选择”→“修改”→“边界”命令，如图 5-17 所示。

图 5–17　宽度值为 20 像素的边界选区

5.3.3　“平滑”命令

“平滑”命令可以平滑选区的边角，使其更接近圆角矩形选区。创建选区后，执行菜单“选择”→“修改”→“平滑”命令，如图 5–18 所示。

图 5–18　选区平滑后的效果

5.3.4　“扩展”命令

“扩展”命令可以扩大选区并平滑边缘。创建选区后，执行菜单“选择”→“修改”→“扩展”命令，如图 5–19 所示。

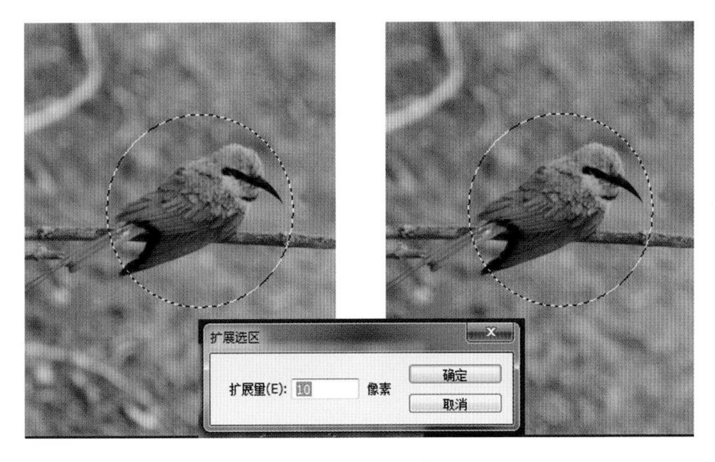

图 5–19　扩展选区

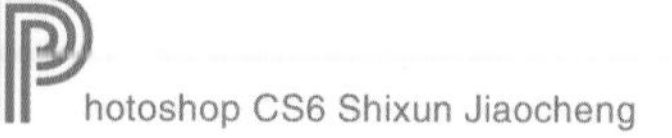

5.3.5 “收缩”命令

使用“收缩”命令可以缩小选区。创建选区后，执行菜单“选择”→“修改”→“收缩”命令，如图 5-20 所示。

图 5-20 收缩选区

5.3.6 “羽化”命令

使用“羽化”命令可以对选区进行柔化处理，对选取内容进行编辑时，边缘会得到模糊效果。创建选区后，执行菜单“选择”→“修改”→“羽化”命令，如图 5-21 所示。

图 5-21 羽化选区

5.4 使用“色彩范围”命令调整选区

“色彩范围”命令的功能是根据选择图像的指定颜色创建图像的选区，功能与魔棒工具相类似。

执行菜单“选择”→“色彩范围”命令即可打开图 5-22 所示的“色彩范围”对话框。

图 5-22 “色彩范围”对话框

其中的各项含义如下。

选择：用来设置创建选区的方式。在其下拉菜单中可以选择创建选区的方式，包括取样颜色、红色、黄色、绿色、青色、蓝色、洋红、高光、中间调、阴影等选项。

颜色容差：用来设置选择被选颜色的范围。数值越大，选取相同像素的颜色范围越广。只有在“选择”下拉菜单中选择“取样颜色”时，该项才会被激活。

选择范围 / 图像：用来设置预览框中显示的是选择区域还是图像。

选区预览：用来控制预览图像显示创建选区的方式。包括无、灰度、黑色杂边、白色杂边和快速蒙版。

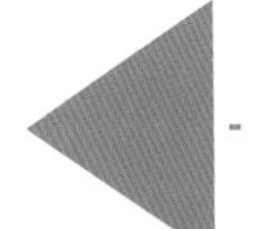

5.5 应用实例

5.5.1 百叶窗的制作

(1) 打开背景图片，新建一个图层，利用矩形选框工具做出图 5-23 所示选区。

(2) 按住【Shift】键，给该选区填充从白到透明的渐变效果，如图 5-24 所示。

图 5-23 百叶窗制作步骤(1)

图 5-24 百叶窗制作步骤(2)

（3）选中图层 1，按住【Alt】键复制一个新的图层到图片的底端，如图 5-25 所示。

（4）按【Ctrl+Alt】键和【上箭头】键，单击【Enter】键 13 次，复制 13 个图层，如图 5-26 所示。

图 5-25　百叶窗制作步骤(3)

图 5-26　百叶窗制作步骤(4)

（5）在图层面板，同时选中所有图层（背景图层除外），在工具栏中单击“垂直居中对齐”按钮，如图 5-27 所示。

（6）得到最终效果如图 5-28 所示。

图 5-27　百叶窗制作步骤(5)

图 5-28　最终效果

5.5.2　制作照片梦幻背景

（1）打开背景图片，如图 5-29 所示。

（2）打开照片，并拖拽到背景文件中。通过【Ctrl+T】键对照片进行缩放，如图 5-30 所示。

图 5-29　打开背景图片

图 5-30　缩放照片

（3）把人物照片放置到图层下面，并调整到夜空中合适位置，如图 5-31 所示。

（4）在“图层 0”上建立椭圆形选区，并在工具栏中设置羽化 40 像素左右，删除夜景中的椭圆选区，得到图 5-32 所示效果。

图 5-31 调整图层

图 5-32 照片梦幻背景效果

Photoshop CS6 Shixun Jiaocheng

第六章

文字的应用

6.1 火焰字效果制作

本节将利用多种滤镜制作火焰字。

(1) 按【Ctrl+N】键打开“新建”对话框，新建一个空白图层，参数设置如图 6-1 所示。

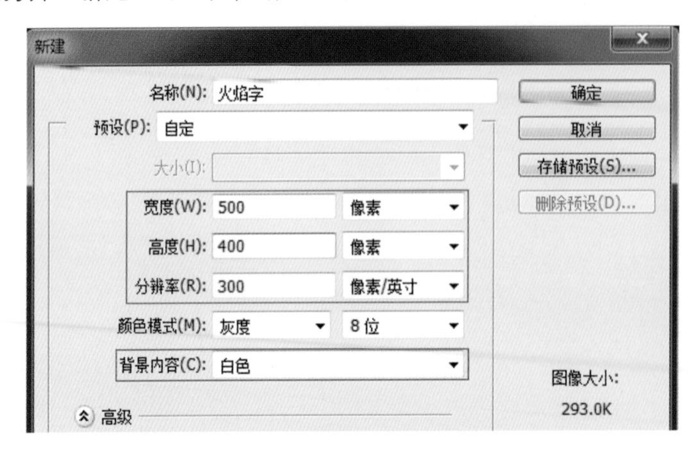

图 6-1 火焰字效果制作 (1)

(2) 按【D】键将前景色还原为“黑色”，按【Alt+Delete】键，将背景填充为黑色。

(3) 使用 T 工具在画面适当位置输入 “火焰字”，设置字体和字体大小，如图 6-2 所示。

(4) 在图层面板中按住【Ctrl】键，单击“火焰字”图层，载入选区，按【Ctrl+C】键复制选区，如图 6-3 所示。

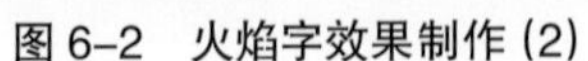

图 6-2 火焰字效果制作 (2)　　图 6-3 火焰字效果制作 (3)

(5) 在图层面板中选中所有图层，按【Ctrl+E】键进行合并。

(6) 在菜单栏中选择“图像”→“图像旋转”→“90 度（顺时针）”。

(7) 在菜单栏中选择“滤镜”→“风格化”→“风”命令，在弹出的对话框中设置参数如图 6-4 所示。

(8) 按【Ctrl+F】键三次，增加特效“风”的长度，效果如图 6-5 所示。

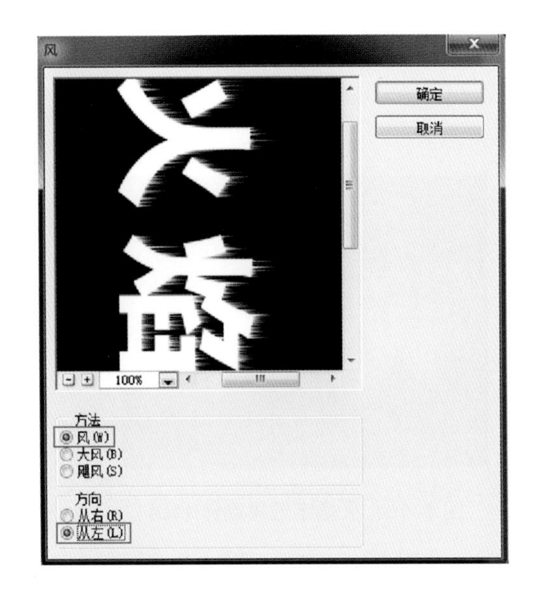

图 6-4 火焰字效果制作 (4)

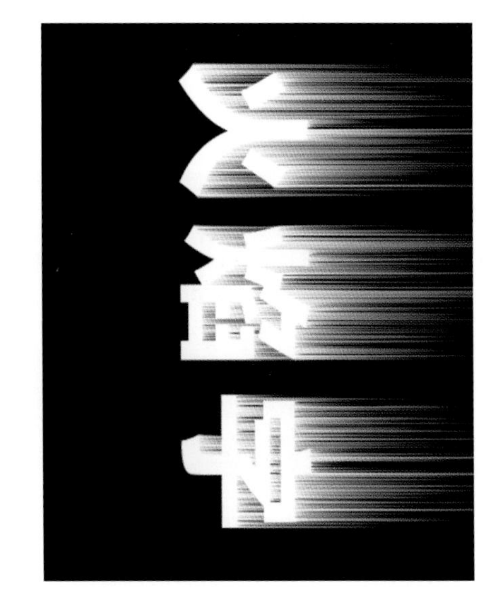

图 6-5 火焰字效果制作 (5)

(9) 在菜单栏中选择“图像”→“图像旋转”→“90 度 (逆时针)”命令。

(10) 在菜单栏中选择“滤镜”→“模糊”→“高斯模糊”命令，在弹出的对话框中设置参数，如图 6-6 所示。

(11) 在菜单栏中选择“滤镜”→“扭曲”→“波纹”命令，在弹出的对话框中设置参数，如图 6-7 所示。

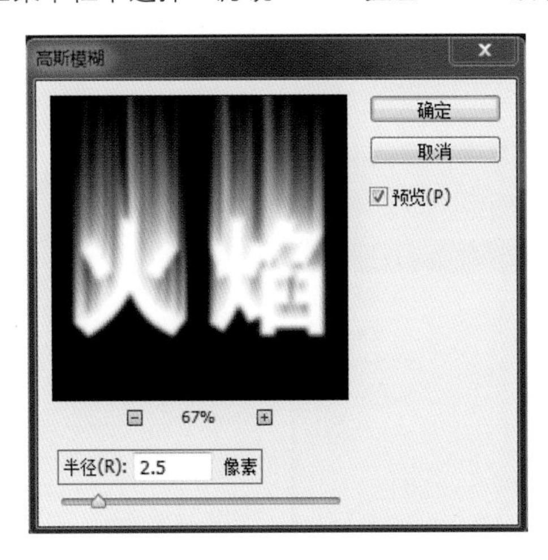

图 6-6 火焰字效果制作 (6)

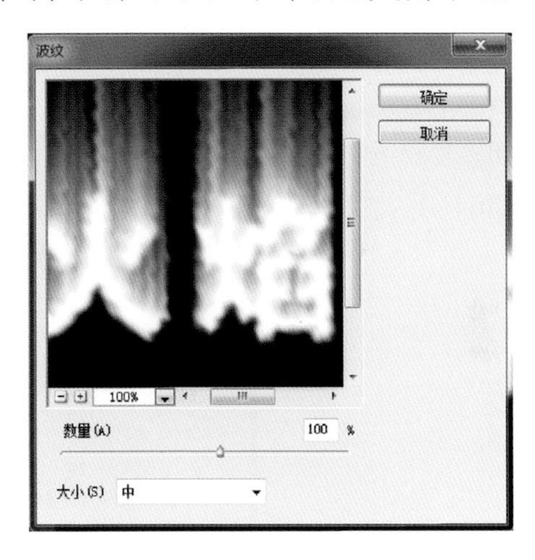

图 6-7 火焰字效果制作 (7)

(12) 在菜单栏中选择“图像”→“模式”→“灰度”命令；再选择“图像”→“模式”→“索引颜色”命令；再选择“图像”→“模式”→“颜色表”命令，在弹出的对话框中选择“黑体”，如图 6-8 所示。

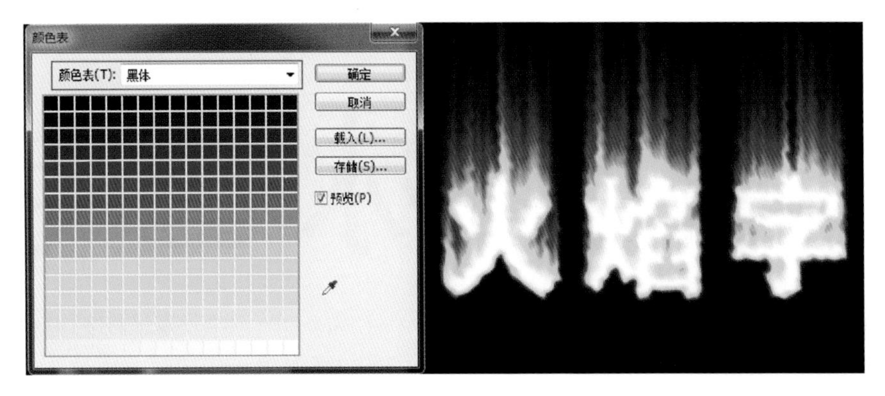

图 6-8 火焰字效果制作(8)

（13）按【Ctrl+V】键粘贴选区，将选区移动到适当位置，效果如图 6–9 所示。

（14）设置前景色 RGB 颜色为 R：255，G：174，B：0，按【Alt+Delete】键用前景色填充选区，按【Ctrl+D】键取消选区，得到“火焰字”最终效果如图 6–10 所示。

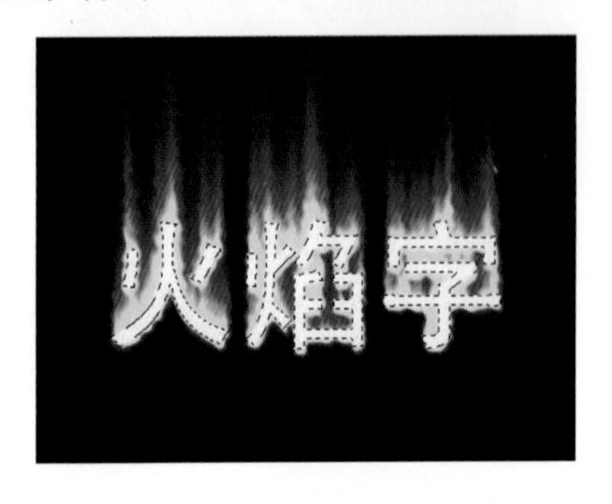

图 6–9　火焰字效果制作（9）

图 6–10　火焰字效果制作（10）

6.2 冰雪字效果制作

本节将利用多种滤镜制作冰雪字。

（1）按【Ctrl+N】键打开“新建”对话框，新建一个空白图层，设置参数如图 6–11 所示。

图 6–11　冰雪字效果制作（1）

（2）使用 T 工具在画面适当位置输入“冰雪字”，设置字体和字体大小，如图 6–12 所示。

（3）在图层面板中按住【Ctrl】键，单击“冰雪字”图层，载入选区，按【Ctrl+C】键复制选区，如图 6–13 所示。

冰雪字

图 6–12　冰雪字效果制作（2）

冰雪字

图 6–13　冰雪字效果制作（3）

（4）在图层面板中选中所有图层，按【Ctrl+E】键进行合并。在菜单栏中执行“选择”→“反选”命令，反选后得到的选区如图 6–14 所示。

（5）在菜单栏中选择“滤镜”→“像素化”→“晶格化”命令，弹出“晶格化”对话框，其参数设置如图6-15所示。

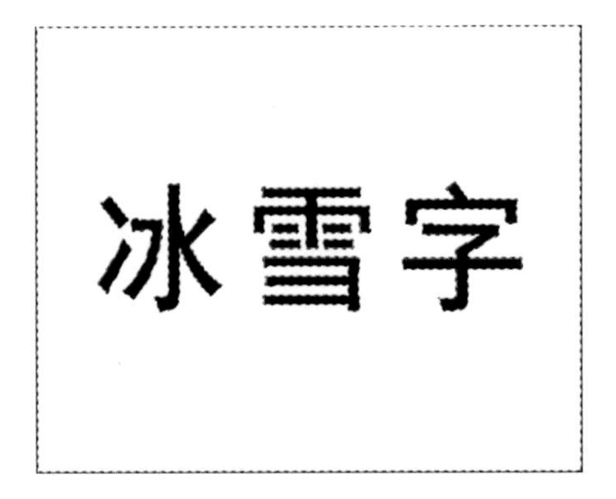

图6-14　冰雪字效果制作（4）

图6-15　冰雪字效果制作（5）

（6）按【Shift+Ctrl+I】键再次进行反选，应用“滤镜”→“模糊”→“高斯模糊”命令，在弹出的对话框中设置参数，如图6-16所示。

（7）在菜单栏中选择“图像”→“调整”→“曲线”命令，参数设置如图6-17所示。

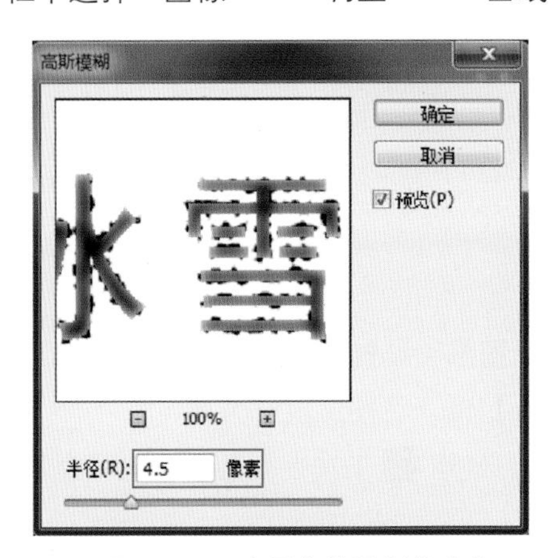

图6-16　冰雪字效果制作（6）

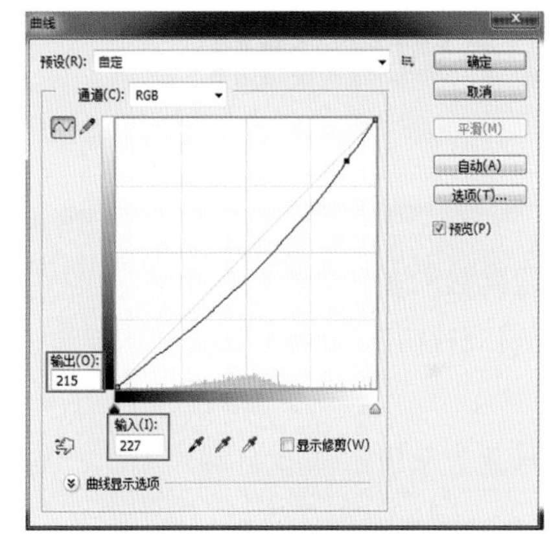

图6-17　冰雪字效果制作（7）

（8）按【Ctrl＋D】键去除选区，单击“图像”→“调整”→“反向”命令或按【Ctrl+I】键将图像进行反相显示，参数设置的效果如图6-18所示。

（9）选择菜单栏中的“图像”→“图像旋转”→“90度（逆时针）”命令，应用“滤镜”→“风格化”→“风”命令，参数设置如图6-19所示，将画布旋转到原来的状态，得到风吹效果。

图6-18　冰雪字效果制作（8）

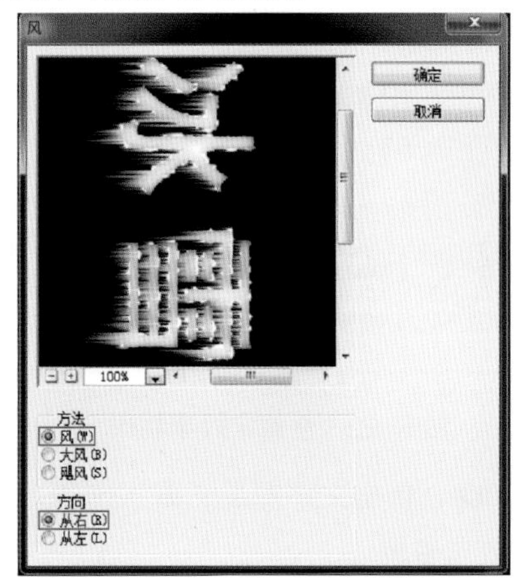

图6-19　冰雪字效果制作（9）

（10）选择菜单栏中的“图像”→“调整”→“色彩平衡”命令，在弹出的对话框中设置参数，如图 6–20 所示。完成效果如图 6–21 所示。

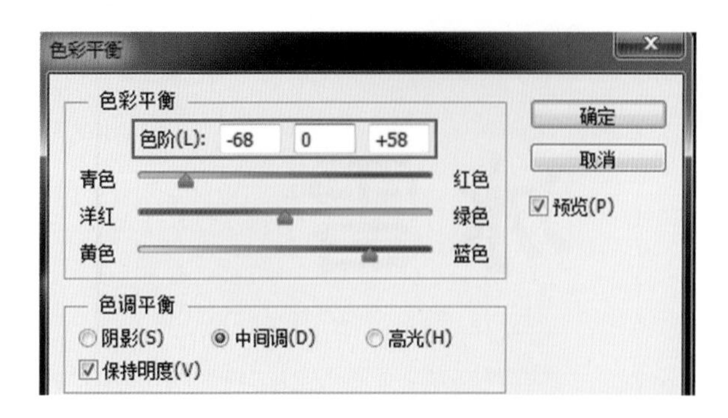

图 6–20　冰雪字效果制作（10）

图 6–21　冰雪字效果制作（11）

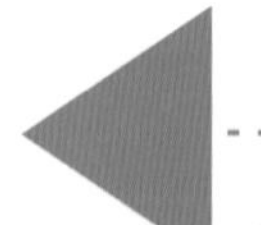

6.3 金属字效果制作

本节将利用图层特效和多种滤镜制作金属字。

（1）按【Ctrl+N】键打开“新建”对话框，新建一个空白图层，设置如图 6–22 所示参数。

（2）按【D】键将前景色还原为“黑色”，按【Alt+Delete】键，将图层填充为黑色。

（3）将前景色设置为灰色，RGB 分别为 150、150、150。使用 T 工具在画面中输入“金属字”，栅格化文字图层，效果如图 6–23 所示。

图 6–22　金属字效果制作（1）

图 6–23　金属字效果制作（2）

（4）按【Ctrl】键，单击文字图层，载入选区，选择菜单栏中的“选择”→“存储选区”命令，在弹出的对话框中进行图 6–24 所示设置。

（5）选中背景图层，在图层面板中创建新的图层。用 工具将前景色设置为橘黄色，其 R、G、B 分别为

231、179、37。按住【Ctrl】键，单击文字图层，载入选区，用前景色填充选区。设置文字图层的混合模式为“变亮”，效果如图 6-25 所示。

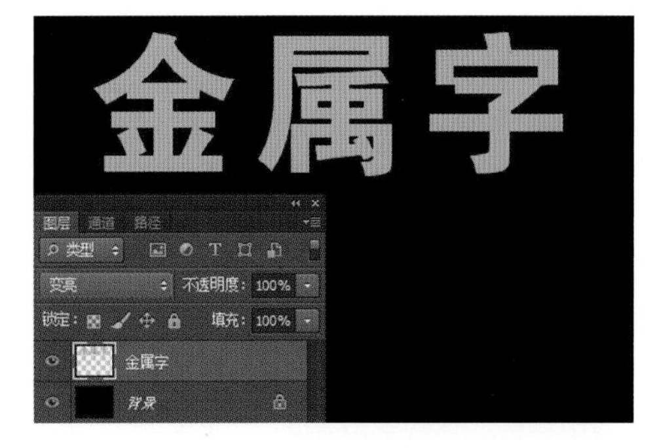

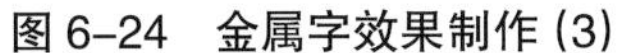

图 6-24　金属字效果制作 (3)　　图 6-25　金属字效果制作 (4)

（6）切换至通道面板，新建通道 Alpha1，用前景色白色对选区进行填充后取消选区。选择菜单栏“滤镜”→“模糊”→“高斯模糊”命令，在弹出的对话框中将半径设置为 5，效果如图 6-26 所示。

（7）在图层面板，选中文字图层，选择“滤镜”→“渲染”→“光照效果”命令，在样式中选择“右上方点光”，在光照类型中选择“点光”，强度为 34，光泽设置为 0，金属质感设置为 69，曝光度设置为 0，环境设置为 21，纹理通道为 Alpha1，将高度设置为 80，其他参数为默认，效果如图 6-27 所示。

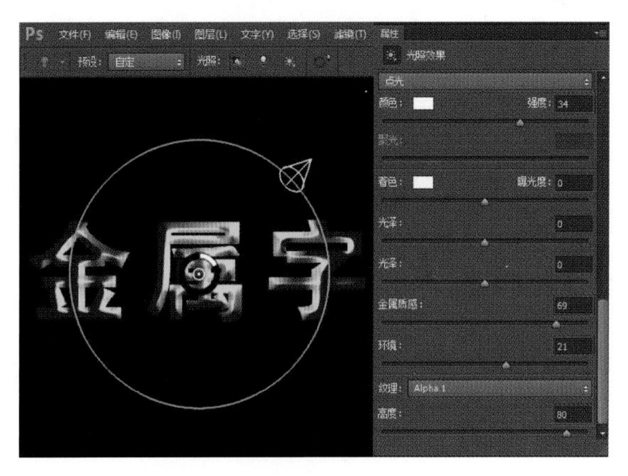

图 6-26　金属字效果制作 (5)　　图 6-27　金属字效果制作 (6)

（8）选择“图像”→“调整”→“曲线”命令，如图 6-28 所示，调整曲线，增加反差。完成效果如图 6-29 所示。

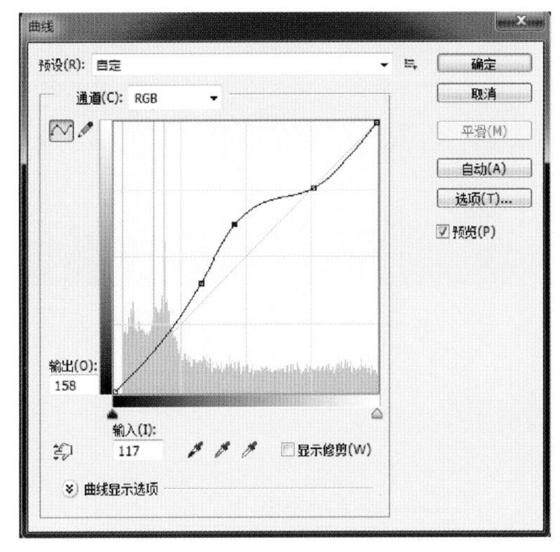

图 6-28　金属字效果制作 (7)　　图 6-29　金属字效果

6.4 水晶字效果制作

本节将利用图层特效和多种滤镜制作水晶字。

（1）按【Ctrl+N】键打开“新建”对话框，新建一个空白图层，设置如图 6–30 所示参数。

图 6–30　水晶字效果制作 (1)

（2）选择工具组，用模式在背景图层通过拖拉绘出一个由深蓝到浅蓝的画面，如图 6–31 所示。

（3）将前景色 R、G、B 分别设置为 8、109、197，使用工具在画面中输入“水晶字”，栅格化文字图层，如图 6–32 所示。

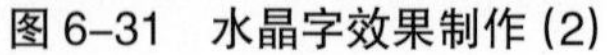

图 6–31　水晶字效果制作 (2)　　图 6–32　水晶字效果制作 (3)

注意：本例主标题使用方正胖娃简体字体，也可用其他美术字体替代。

（4）双击水晶字图层，如图 6–33 所示设置图层样式。

（5）设置“水晶字”图层样式为“柔光”，效果如图 6–34 所示。

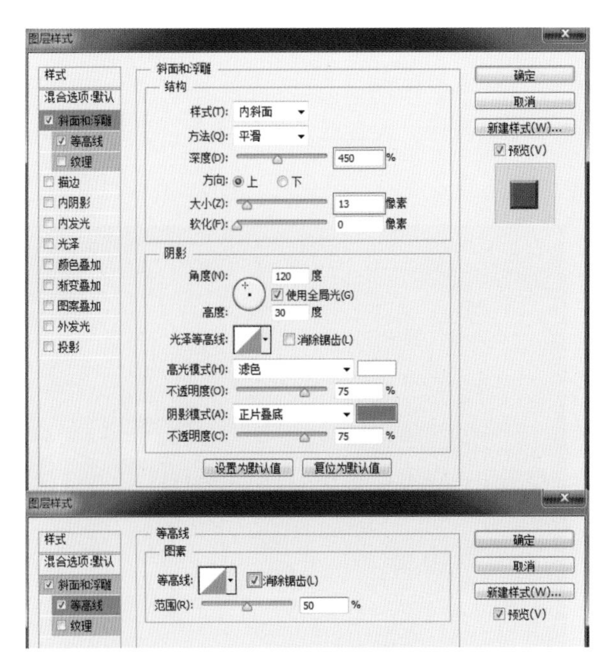

图 6-33 水晶字效果制作 (4)

图 6-34 水晶字效果

6.5 霓虹字效果制作

本节将利用图层特效和多种滤镜制作霓虹字。

(1) 按【Ctrl+O】键打开“砖墙”图像文件，复制背景图层，设定混合模式为正片叠底，不透明度为 50%，效果如图 6-35 所示。

(2) 在图层面板底部的图像调整项中选择“图像”→“色相”→“饱和度”，如图 6-36 所示，调低亮度和饱和度。

图 6-35 霓虹字效果制作 (1)

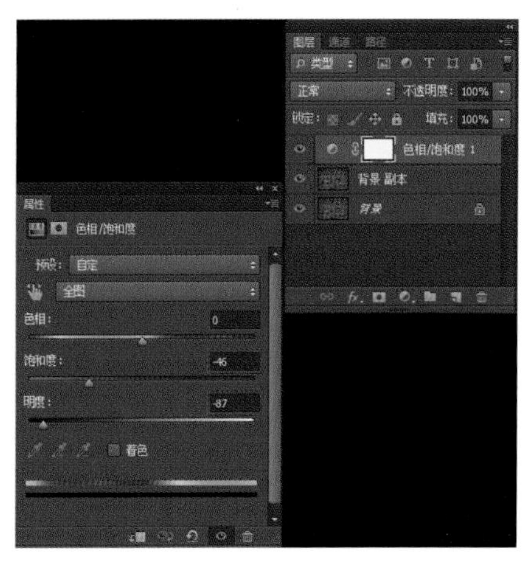

图 6-36 霓虹字效果制作 (2)

（3）新建“图层 1”，将 前景色设置为黑色，背景色设置为白色，用黑色填充。选择“滤镜”→“渲染”→“分层云彩”命令，效果如图 6–37 所示。

（4）将“图层 1”的混合模式设置为“颜色减淡”，添加图层蒙版，设置前景色为黑色，用 工具，设置软刷子涂刷在中心之外的部分，效果如图 6–38 所示。

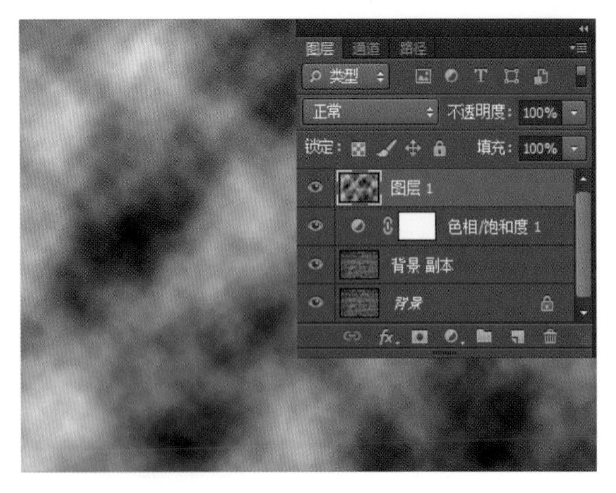

图 6–37　霓虹字效果制作 (3)

图 6–38　霓虹字效果制作 (4)

（5）使用 工具在画面中输入“LED LIGHT”，栅格化文字图层，效果如图 6–39 所示。

（6）如图 6–40 所示，单击锁定透明像素，按【Alt + Delete】键将字体填充上蓝色，解除锁定的图层。

图 6–39　霓虹字效果制作 (5)

图 6–40　霓虹字效果制作 (6)

（7）如图 6–41 所示，在“LED LIGHT”图层上单击右键，单击快捷菜单中的“转换为智能对象”命令。将该图层复制一层，选择“滤镜”→“模糊”→“高斯模糊”命令。

（8）如图 6–42 所示，选择图层的副本，将填充值设置为 0%。

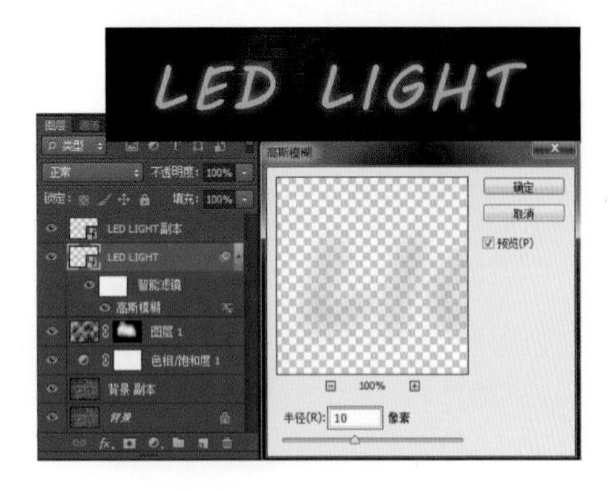

图 6–41　霓虹字效果制作 (7)

图 6–42　霓虹字效果制作 (8)

(9) 双击副本图层，打开图层样式窗口，按图 6–43 所示进行设置。

(10) 按图 6–44 所示设置图层内阴影。

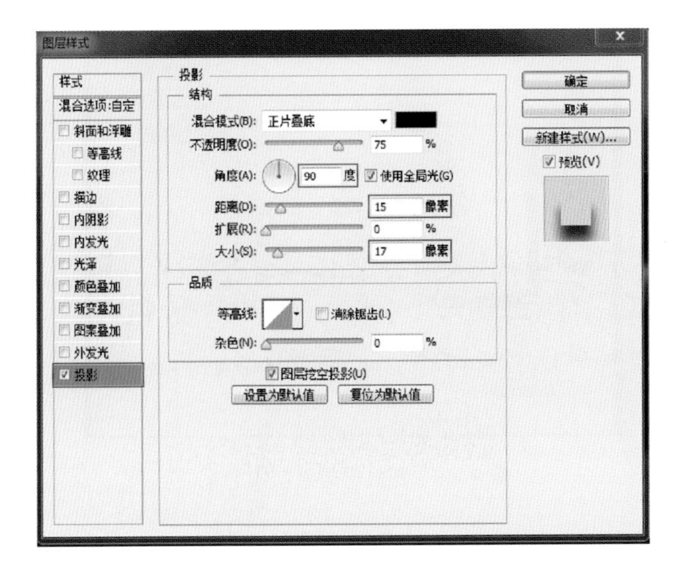

图 6–43 霓虹字效果制作 (9)

图 6–44 霓虹字效果制作 (10)

(11) 按图 6–45 所示设置图层外发光。

(12) 按图 6–46 所示设置图层斜面和浮雕。

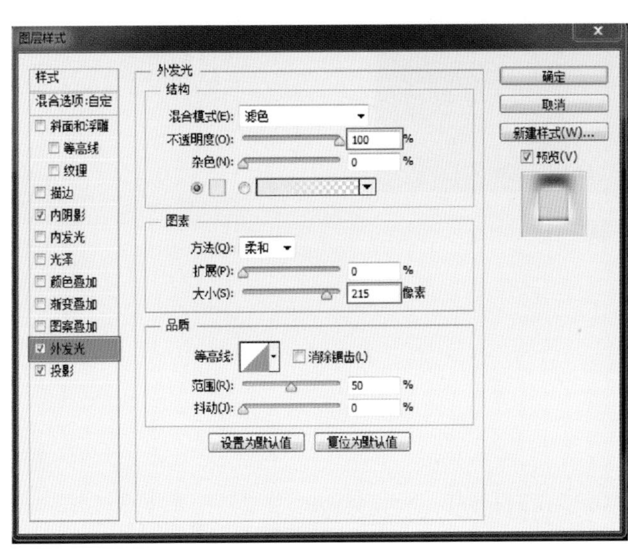

图 6–45 霓虹字效果制作 (11)

图 6–46 霓虹字效果制作 (12)

(13) 按图 6–47 所示设置图层颜色叠加。

(14) 切换到图层 1，选择菜单栏中的“图像”→“调整”→“曲线”命令，如图 6–48 所示调整曲线，让整体的亮度加强。

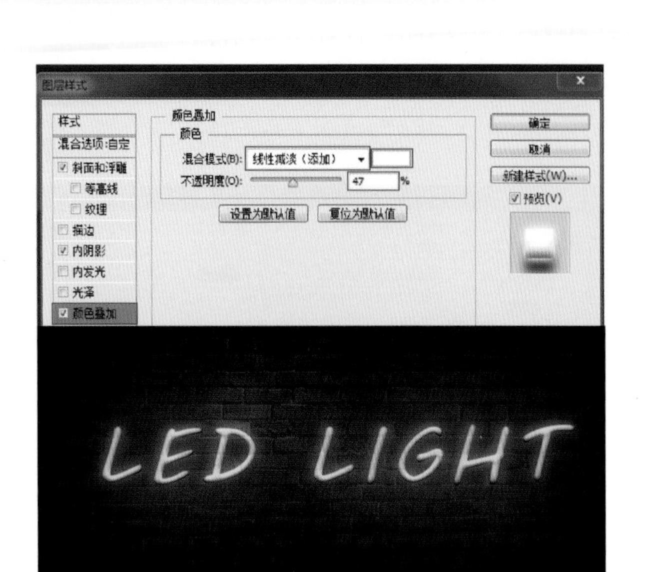

图 6-47　霓虹字效果制作 (13)

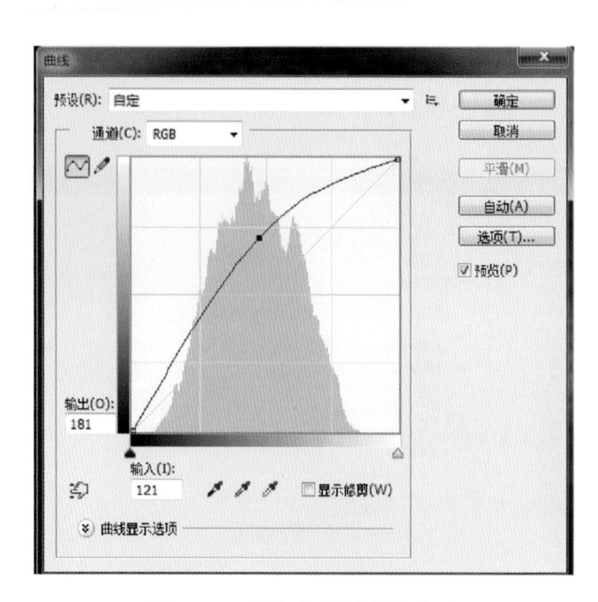

图 6-48　霓虹字效果制作 (14)

图 6-49 为霓虹字制作的最终效果。

图 6-49　霓虹字制作效果

Photoshop CS6 Shixun Jiaocheng

第七章

图像色彩与色调的调整

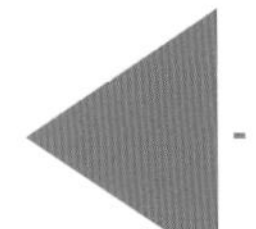

7.1 图像色彩模式

颜色模式决定显示和打印文档的色彩模式。每种模式都有其特点和适用范围，用户可以根据需要和制作要求确定色彩模式，各种色彩模式可以相互转换。“图像”→“模式”的子菜单，如图 7–1 所示。

图 7–1 “图像”→“模式”的子菜单

7.1.1 RGB 颜色模式

RGB 颜色模式是 Photoshop 中最常用的一种颜色模式。红（R）、绿（G）和蓝（B）3 种色光按不同比例和强度的混合来表示。在颜色重叠的位置，会产生青色、洋红色和黄色。因为 RGB 颜色合成产生白色，所以也叫加色。加色用于光照、视频和显示器。

Photoshop 的 RGB 模式为彩色图像中每个像素的 RGB 分量指定一个介于 0（黑色）到 255（白色）之间的强度值。例如，亮红色可能 R 值为 246，G 值为 20，而 B 值为 50。当所有这 3 个分量的值相等时，结果是中性灰色。当所有分量的值均为 255 时，结果是纯白色；当所有分量的值为 0 时，结果是纯黑色。

RGB 图像通过 3 种颜色或通道，可以在屏幕上重新生成多达 1670 万种颜色。新建的 Photoshop 图像的默认模式为 RGB，计算机显示器也总是使用 RGB 模式来显示颜色。 将其他颜色模式转换为 RGB 模式的方法为单击“图像”→“模式”→“RGB 颜色”命令。

7.1.2 CMYK 颜色模式

CMYK 颜色模式是一种印刷模式，与 RGB 模式不同的是，RGB 是加色法，CMYK 是减色法。CMYK 即生成

CMYK 模式的三原色[100%的 Cyan（青色）、100%的 Magenta（洋红色）、100%的 Yellow（黄色）]和黑色，其中黑色用 K 表示。虽然三原色混合可以生成黑色，但实际上并不能生成完美的黑色或灰色，所以要加黑色。

将 RGB 图像转换为 CMYK 图像即产生分色。如果由 RGB 图像开始，最好先编辑，然后再转换为 CMYK 图像。在 RGB 模式下，可以使用“校样设置”命令模拟 CMYK 转换后的效果，而无须更改图像数据。

将其他颜色模式转换为 CMYK 模式的方法为单击“图像”→“模式”→“CMYK 颜色”命令。

7.1.3 HSB 颜色模式

HSB 颜色模式以人类对颜色的感觉为基础，描述了颜色的 3 种基本特性。

色相是从物体反射或透过物体传播的颜色。在 0 到 360° 的标准色轮上，按位置度量色相。通常，色相由颜色名称标识，如红色、橙色或绿色。

饱和度（有时称为彩度）是指颜色的强度或纯度。饱和度表示色相中灰色分量所占的比例，它使用从 0%（灰色）至 100%（完全饱和）的百分比来度量。亮度是颜色的相对明暗程度，通常用从 0%（黑色）至 100%（白色）的百分比来度量。

Photoshop 不直接支持 HSB 颜色模式，只是提供了一个调色板，用户不能将其他模式转换为 HSB 模式，只能用该模式辅助调整图像颜色。

7.1.4 索引颜色模式

当转换为索引颜色模式时，Photoshop 将构建一个颜色查找表（CLUT），用以存放并索引图像中的颜色。如果原图像中的某种颜色没有出现在该表中，则程序将选取现有颜色中最接近的一种，或使用现有颜色模拟该颜色。若要进一步编辑，应临时转换为 RGB 模式。

由于索引颜色模式包含的颜色较少，所占空间较小，所以广泛应用于网络和多媒体动画上。

单击“图像”→“模式”→“索引颜色”命令，对于灰度图像，转换将自动进行；对于 RGB 图像，出现“索引颜色”对话框，如图 7-2 所示。

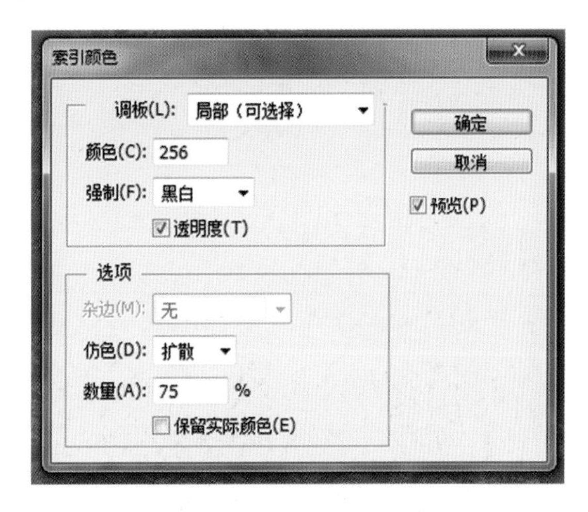

图 7-2 “索引颜色”对话框

7.1.5 灰度颜色模式

灰度颜色模式使用多达 256 级灰度。灰度图像中的每个像素都有一个 0（黑色）到 255（白色）之间的亮度值。灰度值也可以用黑色油墨覆盖的百分比来度量（0% 为白色，100% 为黑色）。使用黑白或灰度扫描仪生成的图像通常以灰度颜色模式显示。

转换后的像素的灰阶（色度）表示原像素的亮度。位图模式和彩色图像都可转换为灰度模式。

7.1.6 位图模式

位图模式使用两种颜色值（黑色或白色）之一表示图像中的像素。位图模式的图像也叫作黑白图像或 1 位图像，因为其位深度为 1，并且所要求的磁盘空间最少。在该图像模式下不能制作出色彩丰富的图像，只能制作一些黑白图。只有灰度模式可以直接转换为位图模式，并且可以设置输出分辨率以及转换模式。

7.1.7 Lab 颜色模式

使用 Lab 颜色模式，无论使用何种设备（如显示器、打印机、计算机或扫描仪）创建或输出图像，都能生成一致的颜色。

在 Photoshop 的 Lab 颜色模式中，亮度分量(L)的范围可从 0 到 100。在拾色器中，a 分量（绿色轴到红色轴）和 b 分量（蓝色轴到黄色轴）的范围可从 +128 到 –128。在颜色面板中，a 分量和 b 分量的范围可从 +120 到 –120。

Lab 颜色模式是 Photoshop 在不同颜色模式之间转换时使用的中间颜色模式。

7.1.8 多通道模式

将颜色图像转换为多通道模式时，新的灰度信息基于每个通道中像素的颜色值。将 CMYK 图像转换为多通道模式可以创建青色、洋红色、黄色和黑色专色通道。

将 RGB 图像转换为多通道模式可以创建青色、洋红色和黄色专色通道。

从 RGB、CMYK 或 Lab 图像中删除通道可以自动将图像转换为多通道模式。

该模式的每个通道使用 256 级灰度。进行特殊打印时，多通道图像十分有用。若要输出多通道图像，需以 Photoshop DCS 2.0 格式存储图像。

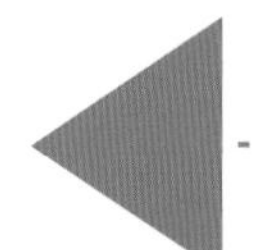

7.2 图像色调的调整

图像的色调调整主要针对图像的亮度、对比度和其他特殊色调的调整。

7.2.1 图像的自动调整

1. 设置自动颜色校正选项

在“自动颜色校正选项”对话框中能够自动调整图像的整体色调范围，指定剪贴百分比，并向暗调、中间调和高光指定颜色值。可以在单独使用“色阶”对话框或“曲线”对话框时应用这些设置，也可以将这些设置存储起来以备将来用于“色阶”“自动色阶”“自动对比度”“自动颜色”和“曲线”命令。

用以下两种方法打开图 7–3 所示的“自动颜色校正选项”对话框。

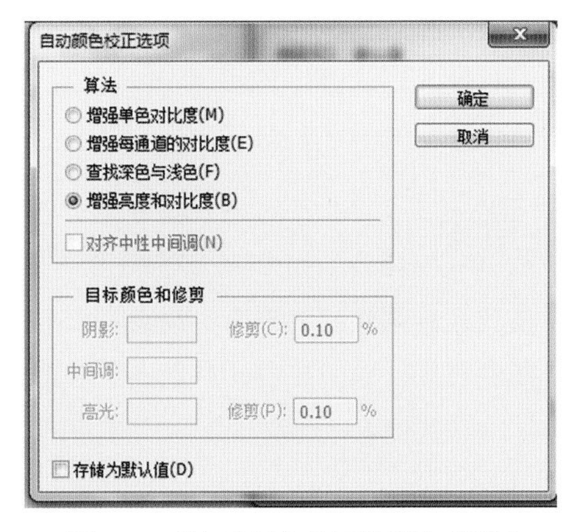

图 7–3 “自动颜色校正选项”对话框

（1）单击“图像”→“调整”→“色阶”菜单命令，打开“色阶”对话框，然后单击“选项”按钮。

（2）单击“图像”→“调整”→“曲线”菜单命令，打开“曲线”对话框，然后单击“选项”按钮。

2. 对话框内各选项的意义

（1）增强单色对比度：能统一剪切所有通道，这样可以使高光显得更亮，暗调显得更暗，保留整体色调关系。“自动对比度”命令使用此种算法。

（2）增强每通道的对比度：可最大化每个通道中的色调范围以产生更显著的校正效果。因为各通道是单独调整的，所以“增强每通道的对比度”可能会消除或引入色偏。“自动色阶”命令使用此种算法。

（3）查找深色与浅色：查找图像中平均最亮和最暗的像素，并用它们在最小化剪切的同时最大化对比度。“自动颜色”命令使用此种算法。

（4）对齐中性中间调：使用此选项可查找 Photoshop 图像中平均接近的中性色，然后调整灰度系数值使颜色成为中性色。

若要指定要剪切黑色和白色像素的量，则要在“剪贴”文本框中输入百分比。建议输入 0.5% 到 1% 之间的一个值。默认情况下，Photoshop 剪切白色和黑色像素的 0.5%，即在标识图像中的最亮和最暗像素时忽略两个极端像素值的前 0.5%。这种颜色值剪切可保证白色值和黑色值基于的是代表性像素值，而不是极端像素值。

若要向图像的最暗区域、中性区域和最亮区域指定颜色值，可单击色板，如图 7–4 所示。

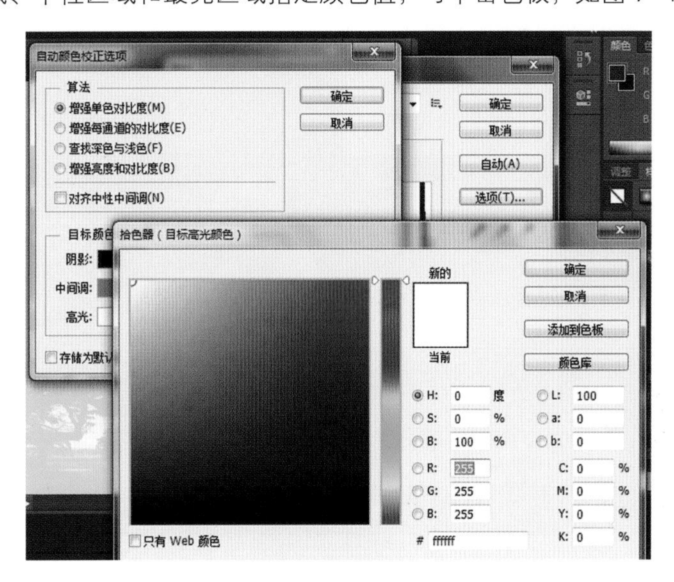

图 7–4 色板

（5）若要存储当前“色阶”对话框或“曲线”对话框的设置，单击“确定”按钮。

如果单击“自动”按钮，Photoshop 会将同样的设置重新应用到此图像中。

若要将设置存储为默认值，则选择“存储为默认值”，然后单击“确定”按钮。那么“自动色阶”“自动对比度”和“自动颜色”命令也使用这些默认设置。

7.2.2 “亮度 / 对比度”命令

亮度：图像的明暗度。亮度的正负值代表着图像的明暗度。数值越大，整体场景越亮；反之，则越暗。

对比度：不同颜色之间的差异。让黑的更黑，白的更白，产生强烈对比。数值越大，对比越强；反之，越弱。

执行菜单栏中的“图像”→“调整”→“亮度 / 对比度”命令，打开“亮度 / 对比度”对话框，进行调整。调整效果如图 7–5 所示。

图 7–5　原图和亮度 / 对比度调整后的效果

注意：如果勾选“使用旧版”，则会使用 CS3 版本之前的“亮度 / 对比度”命令来调整图像，不建议使用该命令。

7.2.3 色阶调整

色阶调整是通过修改图像的阴影区、中间色调区和高光区的亮度水平来调整图像的色调和亮度的。

执行菜单栏中的“图像”→“调整”→“色阶”命令，打开“色阶”对话框，如图 7–6 所示。

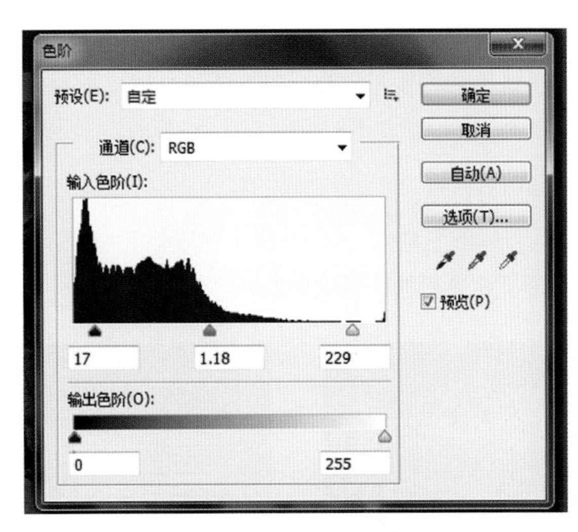

图 7–6 “色阶”对话框

“色阶”对话框中各选项的意义描述如下。

(1) 通道：在“通道”下拉菜单中可以选择一个通道，从而使该图像的调整依附于选择的通道进行。此时显示的通道名称依据图像模式而定，分别是 RGB 模式下的红、绿、蓝，CMYK 模式下的青色、洋红、黄色和黑色，如图 7–7 所示。

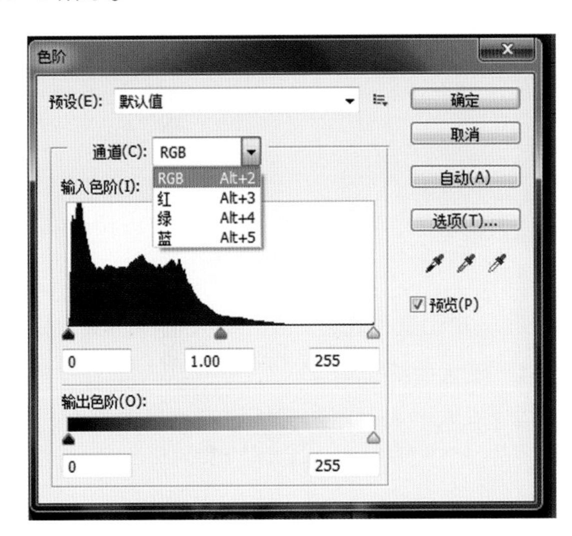

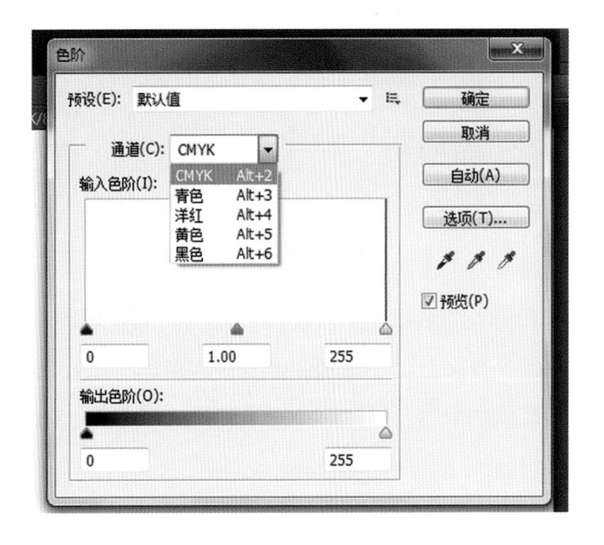

图 7–7 “通道”的下拉菜单

(2) 输入色阶：设置“输入色阶”文本框的数值或者拖动其下方的三角形滑块，从而调整图像的暗部颜色、中间色调和亮色调。向右侧拖动黑色滑块，可以增加图像颜色的暗色调使图像整体变暗；向左侧拖动白色滑块，可以增加图像的亮度使图像整体发亮；中间滑块为图像的灰色部分，向左滑动，图像变暗，向右滑动，图像变亮。

(3) 输出色阶：设置“输出色阶”的数值或者拖动其下方的三角形滑块，可以减少图像的黑色和白色，从而降低图像的对比度。向右拖动黑色滑块，图像的黑色区域就会减少，图像越亮；向左拖动白色滑块，图像的白色区域会减少，使之变暗。

（4）黑色吸管 ：使用该吸管在图像中单击，Photoshop 会定义选取的点为黑点，重新计算图像的像素，从而使图像变暗。

（5）灰色吸管：使用该吸管在图像中单击，Photoshop 将吸取单击处的像素亮度，从而调整图像的亮度。

（6）白色吸管：使用该吸管在图像中单击，Photoshop 将定义吸取处的像素为白点，并重新分布图像的像素值，从而使图像变亮。

（7）“自动”按钮：单击此按钮会让 Photoshop 根据图像的明暗程度来自动调整图像的明暗度。

（8）存储预设和载入预设。

存储预设：以文件的形式存储当前对话框中色阶的参数值。

载入预设：单击该按钮可以载入存储的 *.alv 文件中的调整参数。

图 7-8 所示为通过“色阶”对话框调整后的图像效果。

图 7-8　原图与调整后的效果

7.2.4　“曲线”命令

“曲线”命令与“色阶”命令相似，都是用来调整图像的色调范围的，不同的是，它不仅可以调整图像的亮、暗和中间调，还可以调整灰阶曲线中的任何一点。

使用 Photoshop CS6“曲线”命令可以综合调整图像的亮度、对比度和色彩，使画面色彩显得更为协调。因此，曲线命令实际上是 Photoshop CS6“色调”“亮度 / 对比度”设置的综合使用。

执行菜单栏中的“图像”→“调整”→“曲线”命令，打开“曲线”对话框，如图 7-9 所示。

“曲线”对话框中的参数如下。

（1）预设：在“预设”下拉列表中，可以选择 Photoshop CS6 提供的一些设置好的曲线。

（2）输入：显示 Photoshop CS6 原来图像的亮度值，与色调曲线的水平轴相同。

（3）输出：显示 Photoshop CS6 图像处理后的亮度值，与色调曲线的垂直轴相同。

（4） 编辑点以修改曲线：此工具可在图表中各处添加节点而产生色调曲线；在节点上按住鼠标左键并拖动可以改变节点位置，向上拖动时色调变亮，向下拖动则变暗。（如果需要继续添加控制点，只要在曲线上单击即可；如果需要删除控制点，只要拖动控制点到对话框外即可。）

（5）✎ 通过绘制来修改曲线：选择该工具后，鼠标形状变成一个铅笔指针形状，可以在图标区绘制所要的曲线，如图 7–10 所示。

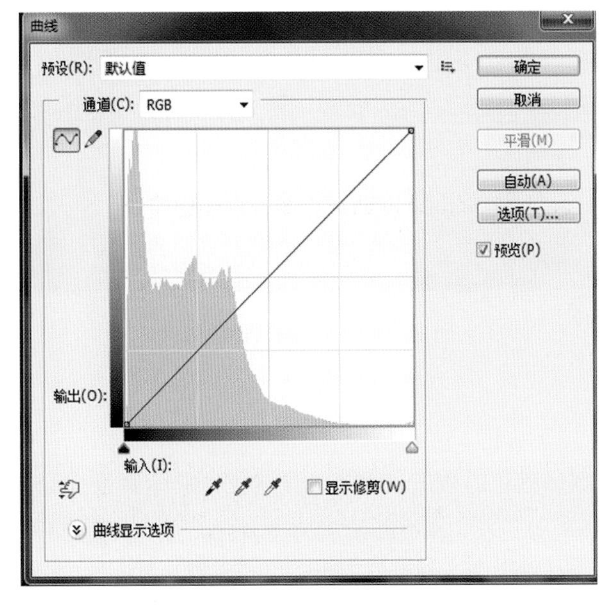

图 7–9　“曲线”对话框

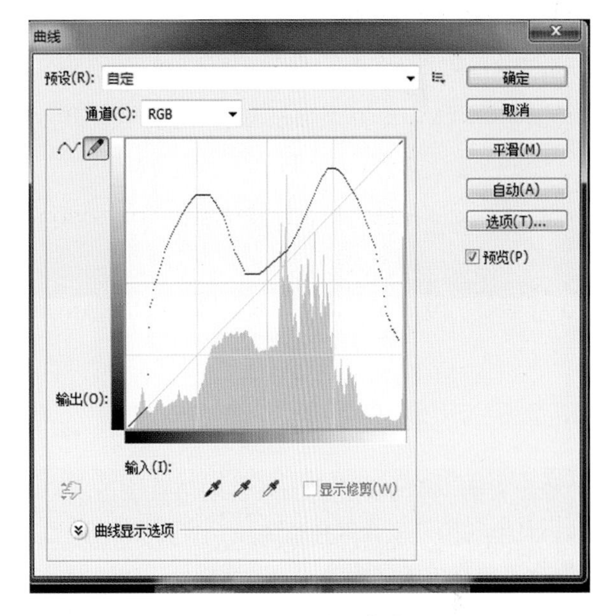

图 7–10　绘制曲线

注意：如果要将曲线绘制为一条线段，可以按住【Shift】键，在图表中单击定义线段的端点。按住【Shift】键单击图表的左上角和右下角，可以绘制一条反向的对角线，这样可以将图像中的颜色像素转换为互补色，使图像变为反色；单击“平滑”按钮可以使曲线变得平滑。

（6）光谱条：拖动光谱条下方的三角形滑块，可在黑色和白色之间切换。

注意：按住【Alt】键，“取消”按钮将转换为“复位”按钮，单击“复位”按钮，可将对话框恢复到 Photoshop CS6 曲线打开时的状态。

通过调整“曲线”对话框中的设置得到的图像效果如图 7–11 所示。

图 7–11　原图和调整后的效果（曲线）

图 7-12 所示图像过暗，通过调整曲线，得到图 7-13 所示的效果。

图 7-12　原图过暗

图 7-13　调整后的效果

7.2.5　“色彩平衡”命令

“色彩平衡”命令能进行一般性的色彩校正，可以改变图像颜色的构成，但不能精确控制单个颜色成分(单色通道)，只能作用于复合颜色通道。

执行菜单栏中的“图像”→“调整”→“色彩平衡”命令，弹出图 7-14 所示的“色彩平衡”对话框。

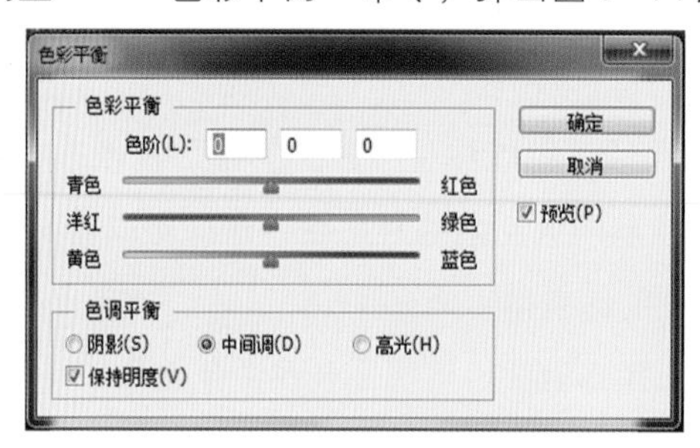

图 7-14　“色彩平衡”对话框

“色彩平衡”对话框中包括阴影、中间调、高光三个区域，“保持明度”选项可保持图像中的色调平衡。通常，为了保持图像的光度值，都要将此选项选中。

在色彩平衡栏中，通过数值框输入数值或移动三角形滑块可以实现图像的“色彩校正”。三角形滑块移向需要增加的颜色，或是拖离想要减少的颜色，就可以改变图像中的颜色组成（增加滑块接近的颜色，减少远离的颜色），与此同时，颜色条旁的三个数据框中的数值会在 -100 ~ 100 之间不断变化，将色彩调整到满意，单击“确定”按钮。图 7-15、图 7-16 所示为不同色调的调整。

图 7-15　暖色调

图 7-16　冷色调

7.2.6 “阴影 / 高光”命令

“阴影 / 高光”命令适合纠正严重逆光但具有轮廓的图片，以及纠正因离相机闪光较近导致有些褪色（苍白）的照片。该命令也应用于使阴影局部发亮，但不能调整图像的高光和黑暗，它仅照亮或变暗图像中黑暗和高光的周围像素（邻近的局部），可以分开控制阴影和高光。

执行菜单栏中的“图像”→“调整”→“阴影 / 高光”命令，弹出“阴影 / 高光”对话框，勾选“显示更多选项”，如图 7–17 所示，则出现更多选项内容。

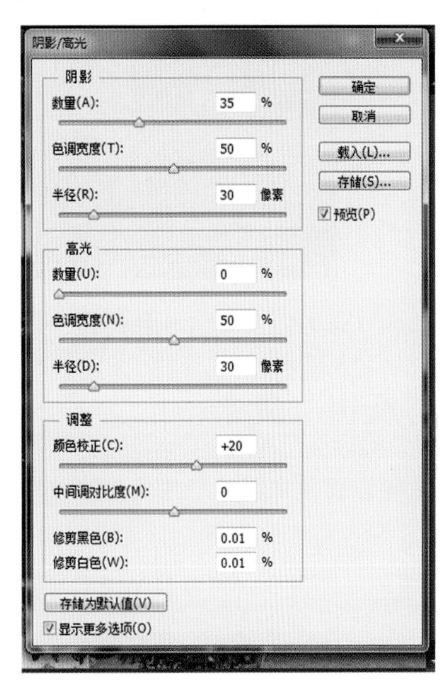

图 7–17 “阴影 / 高光”对话框

（1）“阴影”选项组：可以将阴影区域调亮。

数量：拖动数量滑块可以控制调整强度，该值越高，阴影区域越亮。

色调宽度：用于控制色调的修改范围，较小的值只对较暗的区域进行较正，较大的值会影响更多的色调。

半径：用于控制每个像素周围的局部相邻像素的大小，相邻像素决定了像素是在阴影中还是在高光中。

（2）“高光”选项组：可以将高光区域调暗。

数量：用于控制调整强度，该值越高，高光区域越暗。

色调宽度：用于控制色调的修改范围，较小的值只对较亮的区域进行较正，较大的值会影响更多的色调。

半径：用于控制每个像素周围的局部相邻像素的大小。

（3）颜色校正：可以调整已更改区域的色彩。例如，增大“阴影”选项组中的数量值使图像中较暗的颜色显示出来，再增加“颜色校正”值，就可以使这些颜色更加鲜艳。

（4）中间调对比度：用于调整中间调的对比度。向左侧拖动滑块，会降低对比度，向右侧拖动滑块，则增加对比度。

（5）修剪黑色 / 修剪白色：可以指定在图像中将多少阴影和高光剪切到新的极端阴影（色阶为 0，黑色）和高光（色阶为 255，白色）。该值越大，图像的对比度越强。

（6）存储为默认值：该按钮可以将当前的参数设置存储为预设，再次打开“阴影 / 高光”对话框，会显示该参数。如果要恢复为默认的数值，可按住【Shift】键，该按钮就会变为“复位默认值”按钮，单击它便可以进行恢复。

如图 7-18 所示，使用“阴影 / 高光”命令调整后的效果。

图 7-18　原图和调整后效果(阴影 / 高光)

7.2.7　“反相”命令

“反相”命令可以使黑白图像产生底片的效果，使彩色图像的各部分颜色转换为补色，从而产生彩色负片效果。

执行菜单栏中的“图像”→“调整”→“反相”命令，即产生图 7-19 所示的效果。

图 7-19　使用“反相”命令前后效果对比

7.2.8　“阈值”命令

“阈值”命令可以将图像转化为黑白照片。

执行菜单栏中的“图像”→“调整”→“阈值”命令，在弹出的“阈值”对话框中，如图 7-20 所示，阈值色阶为指定的阈值数值，该值将决定图像调整后的黑白比例。在直方图区域中，右端为白色，左端为黑色，应根据图像明暗颜色的比例来设置阈值。

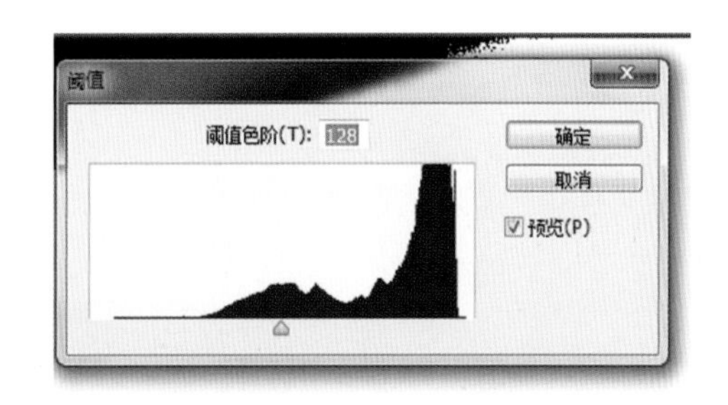

图 7–20　“阈值”对话框

图 7–21 所示为原图及使用“阈值”命令调整后的效果。

图 7–21　原图及使用“阈值”命令调整后的效果

7.2.9　“色调均化”命令

使用“色调均化”命令时，Photoshop 会查找图像中最亮和最暗的值并重新调整这些像素，以最亮的值表示白色，最暗的值表示黑色，对图像的亮度进行色调的均化处理。当图像比较暗时，可以用该命令平衡亮度值，使图像变亮。

执行菜单栏中的“图像”→“调整”→“色调均化”命令，Photoshop 会对其自动调整。图 7–22 中原图过暗，图 7–23 所示为使用“色调均化”命令调整后的效果。

图 7–22　原图过暗

图 7–23　调整后效果(色调均化)

7.2.10 “匹配颜色”命令

“匹配颜色”命令可以使不同的图像文件中的颜色相匹配。将图 7-24（a）中白天的场景匹配为暗夜色调。

（a）

（b）

图 7-24　白天和晚上的场景

执行菜单栏中的“图像”→“调整”→“匹配颜色”命令，打开“匹配颜色”对话框，如图 7-25 所示。

在“图像统计”选项区域的“源”列表框中选择源图像，从而对图像进行色彩的匹配。单击“确定”按钮，效果如图 7-26 所示。

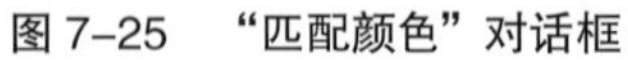

图 7-25　“匹配颜色”对话框

图 7-26　匹配颜色后的效果

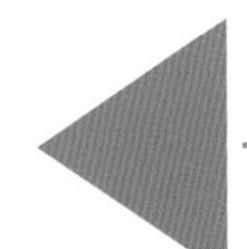

7.3 图像色彩的调整

7.3.1 “色相 / 饱和度”命令

“色相 / 饱和度”命令可以单独调整单一颜色（包括红、黄、绿、蓝、青、洋红等）的色相、饱和度和明度，也可以同时调整图像中所有颜色的色相、饱和度和明度，而且它还可以给像素指定新的色相和饱和度，从而为灰度图像添加色彩。

执行菜单栏中的“图像”→“调整”→“色相 / 饱和度”命令，打开图 7-27 所示的“色相 / 饱和度”对话框。

“色相 / 饱和度”对话框中的各个选项设置如下：

（1）预设：从中可以选择一些默认的“色相 / 饱和度”设置效果。

（2）编辑：在其下拉列表中可以选择要调整的颜色。选择“全图”，拖动滑块，可以调整图像中所有颜色的色相、饱和度和明度。选择其他选项，则可以单独调整红色、黄色、绿色、青色、蓝色和洋红等颜色的色相、饱和度和明度，如图 7-28 所示。

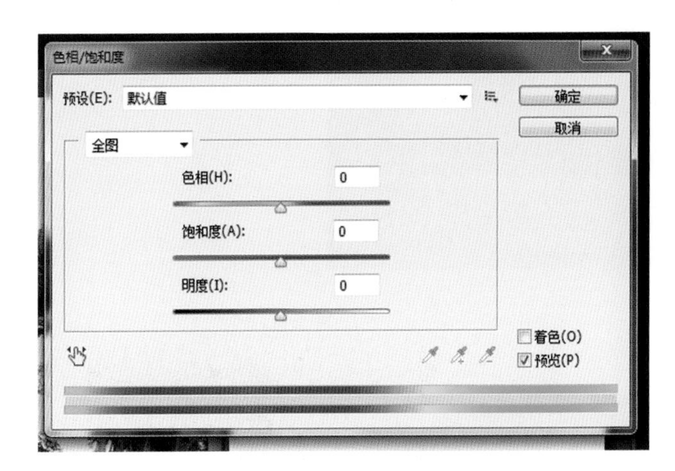

图 7-27 “色相 / 饱和度”对话框

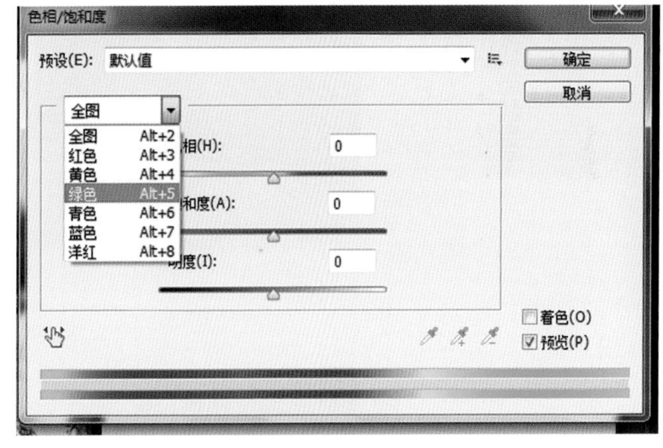

图 7-28 编辑的下拉列表

（3）色相：只需拖动色相滑块就能调整色相。向右拖动可模拟在颜色轮上顺时针旋转，向左拖动可模拟在颜色轮上逆时针旋转。

（4）饱和度：可向右拖动饱和度滑块，增大饱和度；而向左拖动则会降低饱和度。

（5）明度：要增加亮度，可向右拖动明度滑块；要减小亮度，可向左拖动。

（6）图像 调整工具：选择该工具以后，将光标放在要调整的颜色上。

注意：光标选择了哪一种颜色，则只会调整那一种颜色。

（7）吸管工具 ：在图像中单击可以选择要调整的颜色范围。

用“添加到取样”工具在图像中单击可以扩展颜色范围。

用“从取样中减去”工具在图像中单击可以减少颜色范围。

定义了颜色范围以后，可以拖动滑块来调整所选颜色的色相、饱和度和明度。

（8）隔离颜色范围：“色相 / 饱和度”对话框底部有两个颜色条，上面的颜色条代表了调整前的颜色，下面的颜色条代表了调整后的颜色。如果在“编辑”选项中选择了一种颜色，两个颜色条之间便会出现三个小滑块，如图 7–29 所示。

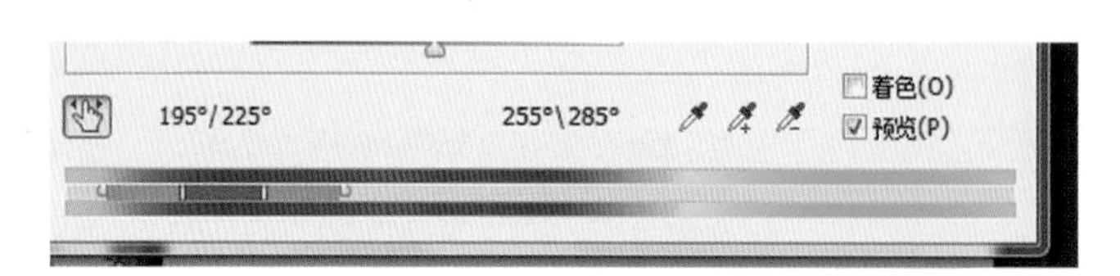

图 7–29　出现三个小滑块

（9）着色：勾选此项以后，如果前景色是黑色或白色，图像会转换为红色；如果前景色不是黑色或白色，则图像会转换为当前前景色的色相。变为单色图像以后，可以拖动色相滑块修改颜色，或者拖动下面的两个滑块调整饱和度和明度。

图 7–30 所示为图像进行不同色调的调整得到效果。

图 7–30　进行不同色调调整得到的效果

7.3.2 “黑白”命令

使用 Photoshop CS6“黑白”命令可以将图像中的颜色丢弃，使图像以灰色或单色显示，并且可以根据 Photoshop CS6 图像中的颜色范围，即 R、G、B、C、M、Y 六种颜色对应的亮度调整图像的明暗度。另外，通过对图像应用色调可以创建单色的图像效果。

(1) 执行菜单栏中的“图像”→“调整”→“黑白”命令，打开如图 7-31 所示的“黑白”对话框。

(2) 单击“自动”按钮，将图像变成灰度图像，如图 7-32 所示。

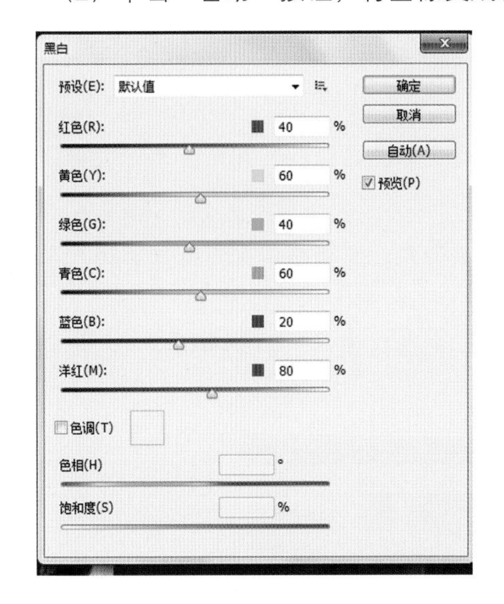

图 7-31 “黑白”对话框

图 7-32 原图及最终效果(黑白)

(3) 勾选“色调”选项，可以将图像变成单色图像，如图 7-33 所示。

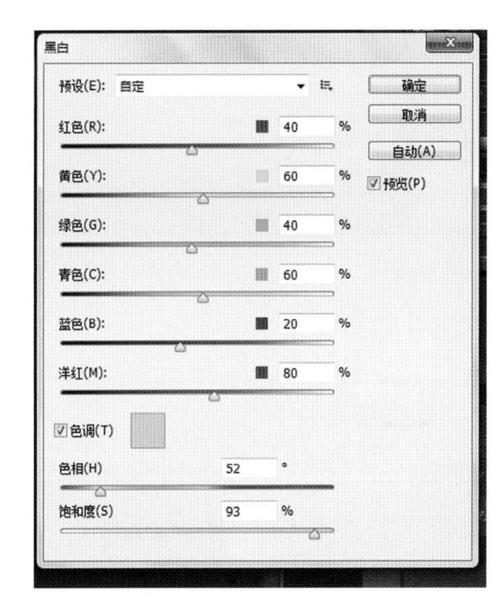

图 7-33 勾选“色调”选项的效果

注意：利用该命令可以快速制作黑白照片。

7.3.3 “渐变映射”命令

“渐变映射”命令将相等的图像灰度范围映射到指定的渐变填充色。

（1）执行菜单栏中的“图像”→“调整”→“渐变映射”命令，打开图 7–34 所示的“渐变映射”对话框。

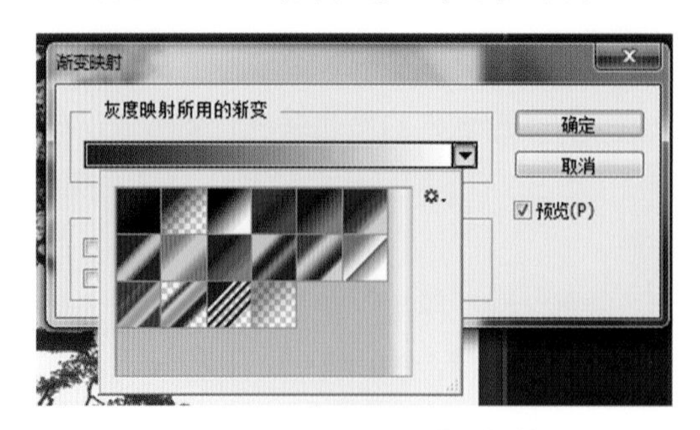

图 7–34 “渐变映射”对话框

（2）指定要使用的渐变填充。

若要从渐变填充列表中选取，则单击显示在“渐变映射”对话框中的渐变填充右边的三角形。单击选择所需的渐变填充，然后在对话框的空白区域中单击以取消该列表。

若要编辑当前显示在“渐变映射”对话框中的渐变填充，则单击该渐变填充。然后修改现有的渐变填充或创建新的渐变填充。

默认情况下，图像的暗调、中间调和高光分别映射到渐变填充的起始（左端）颜色、中点和结束（右端）颜色，如图 7–35 所示。

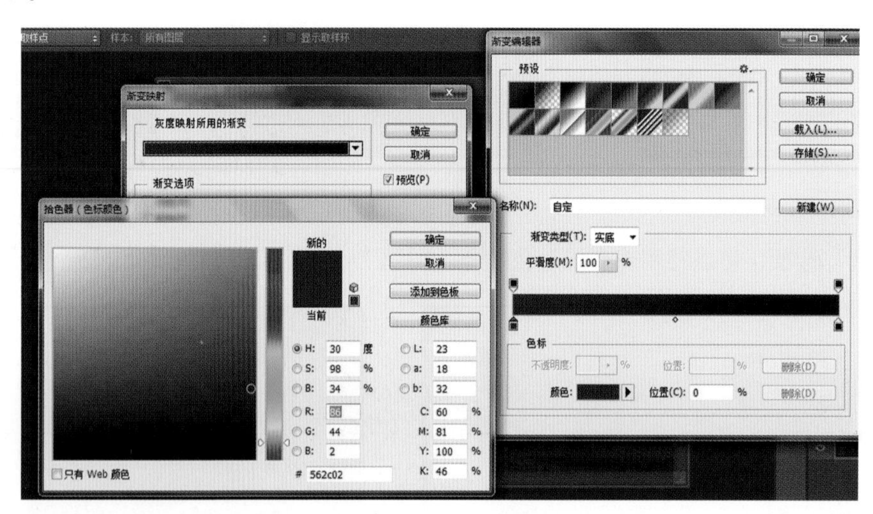

图 7–35 渐变编辑

（3）“仿色”：添加随机杂色以平滑渐变填充的外观并减少带宽效果。

“反向”：切换渐变填充的方向以反向渐变映射。

使用“渐变映射”命令后图像不同的效果显示如图 7–36 所示。

(a)原图

(b)不同渐变映射效果

(c)不同渐变映射效果

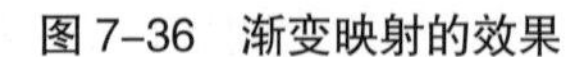

图 7–36 渐变映射的效果

7.3.4 “去色”命令

“去色”命令可以将图像中的彩色去除，将图像所有的颜色饱和度变为零，将彩色图像转换为灰色图像，如图7-37 所示。

执行菜单栏中的“图像”→“调整”→“去色”命令。

注意：与灰度模式不同，灰度模式是模式的转换，在灰度模式下再没有彩色显现，而去色只是将当前图像中的彩色去除，并不影响图像的模式，而且还可以在当前文档中利用其他工具绘制出彩色效果。

7.3.5 “替换颜色”命令

“替换颜色”命令可以选中图像中特定的颜色，然后修改其色相、饱和度和明度。

执行菜单栏中的“图像”→“调整”→“替换颜色”命令，打开“替换颜色”对话框，如图 7-38 所示。

图 7-37 原图和调整后的效果(去色)

图 7-38 “替换颜色”对话框

“替换颜色”对话框中包含了颜色选择和颜色调整两个选区：颜色选择方式与“色彩范围”命令基本相同，颜色调整方式与“色相 / 饱和度”命令十分相似。

(1) 吸管工具。

用“吸管工具”在图像上单击，可以选中光标下面的颜色。

用“添加到取样”工具在图像中单击，可以添加新的颜色，当选取的颜色区域不完整时，可以使用该工具添加区域中的不同颜色。

用“从取样中减去”工具在图像中单击，可以减少颜色。当选取的颜色区域有多余的颜色时，可以使用该工具将颜色去掉。

如图 7-39 所示，通过吸管工具吸取到的上衣颜色。

图 7-39　吸取到的上衣颜色

（2）本地化颜色簇：如果要在图像中选择多种颜色，可以先勾选此项，再用“吸管工具”和“添加到取样”工具在图像中单击，进行颜色取样，这时我们就可以同时调整两种或者更多的颜色了。

（3）颜色容差：控制颜色的选择精度。该值越大，选中的颜色范围越广，如图 7-40 所示。

图 7-40　颜色容差

（4）选区 / 图像：勾选“选区”，可在预览区中显示蒙版，其中黑色代表了未选择的区域，白色代表了选中的区域，灰色代表了被部分选择的区域；勾选“图像”，则会显示图像内容，不显示选区。

（5）替换：拖动各个滑块即可调整选中的颜色的色相、饱和度和明度。

通过拖动色相、饱和度和明度滑块的值，即可调整上衣的颜色，效果如图 7-41 所示。

图 7-41　拖动色相、饱和度和明度滑块

7.3.6 “变化” 命令

“变化”命令是一个快速的调整图像阴影、中间调、高光和饱和度的方法。单击“变化”命令缩览图可以使高亮区、中间调区或阴影区更暗或更亮，但不能指定精确的亮度值或暗度值。

执行菜单栏中的“图像”→“调整”→“变化”命令，打开“变化”对话框，如图 7-42 所示。

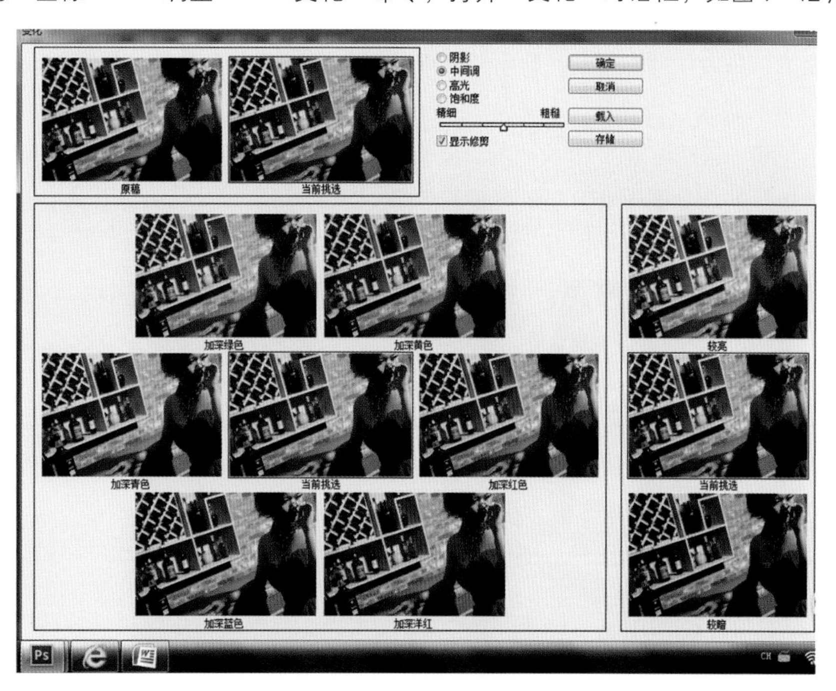

图 7-42　“变化”对话框

注意：①“变化”命令的优点体现在能够预览颜色变化的整个过程，并比较调整结果与原图之间的差异。

②在增加饱和度时，如果出现溢色，Photoshop 还会标出溢色区域，尤其适合初学者使用。

（1）原稿 / 当前挑选：顶部的“原稿”缩览图中显示了原始图像，“当前挑选”缩览图中显示了图像的调整结果。第一次打开该对话框时，这两个图像是一样的，而“当前挑选”图像将随着调整的进行而实时显示当前的处理结果，如图 7-43 所示。

图 7-43　原稿与当前挑选

（2）加深绿色、加深黄色等缩览图：在“变化”对话框左侧的 7 个缩览图中，位于中间的“当前挑选”缩览图也是用来显示调整结果的，另外 6 个缩览图用于调整颜色，单击其中任何一个缩览图都可将相应的颜色添加到图像中，连续单击则可以累积添加颜色。

例如，单击“加深绿色”缩览图两次将应用两次调整。如果要减少一种颜色，可单击其对角的颜色缩览图，例如，要减少绿色，可单击“加深洋红”缩览图。

（3）阴影 / 中间调 / 高光：选择相应的选项，可以调整图像的阴影、中间调和高光的颜色。

（4）饱和度 / 显示修剪：“饱和度”用来调整颜色的饱和度。勾选该项后，对话框左侧会出现 3 个缩览图，中间的“当前挑选”缩览图显示了调整结果，单击“减少饱和度”或“增加饱和度”缩览图可减少或增加饱和度。在增加饱和度时，勾选“显示修剪”选项，如超出了饱和度的最高限度（即出现溢色），颜色就会被修剪，以标识出溢色区域。

（5）精细 / 粗糙：该滑块指定亮度的变化程度。将滑块向右拖动，即向“粗糙”方向拖动时，较亮的像素与较暗的像素间的差别变大；将滑块向左拖动，即向“精细”方向拖动时，这个差别变小。

（6）较亮、当前挑选和较暗：当选择“阴影”“中间调”或“高光”选项时，在“变化”对话框的右侧会出现“较亮”“当前挑选”和“较暗”等 3 个缩览图。要使图像更亮或更暗，可单击标有“较亮”或“较暗”的缩览图，接着在“当前挑选”的缩览图中就会显示调整的效果。

在“变化”对话框中调整好各个选项以后，单击“确定”按钮，效果如图 7-44 所示。

图 7-44　最终调整效果（变化）

7.3.7 “HDR 色调”命令

“HDR 色调”命令用于修补太亮或太暗的图像，可以制作出高动态范围的图像效果。

执行菜单栏中的“图像”→“调整”→“HDR 色调”命令，打开“HDR 色调”对话框，如图 7-45 所示。

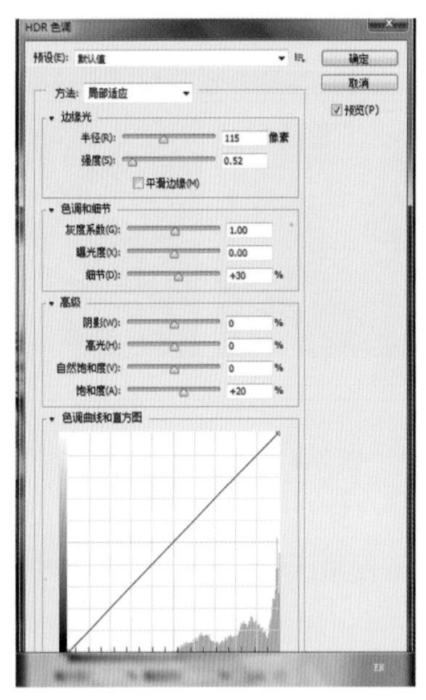

图 7-45　“HDR 色调”对话框

（1）预设：在右侧的下拉列表中可以选择 Photoshop CS6 预先设置好的效果。

选择“超现实”模式后图片效果如图 7–46 所示。

（2）边缘光：单击左侧的三角形按钮，可以关闭或打开“边缘光”选项组。

半径：控制发光效果的大小。

强度：控制发光效果的对比度。

平滑边缘：选择此项，提升细节时可以使发光的边缘更加平滑。

（3）色调和细节：可以使图像的整体色彩更加鲜艳。

灰度系数：用于调整高光和阴影之间的差异。

曝光度：用于调整图像的整体色调。

细节：用于查找图像的细节。

（4）高级：可以使图像的整体色彩更加鲜艳。

阴影：调整阴影区域的明亮度。

高光：调整高光区域的明亮度。

（5）色调曲线和直方图：拖动曲线，可以调整图像的整体色调，可以使图像的整体色彩更加鲜艳。

使用“HDR 色调”命令调整的效果如图 7–47 所示。

图 7–46 原图和调整效果(超现实)

图 7–47 使用“HDR 色调”命令调整的效果

注意：在“HDR 色调”对话框中修改参数后，按住【Alt】键，对话框中的“取消”按钮就会变成“复位”按钮，单击“复位”可将参数恢复到初始状态。

7.4 图像处理综合实例

本节利用图像处理技巧来对人物图像进行美化处理。

（1）打开人物图像素材文件。通过观察，该图像存在一些需要调整的地方：首先，图像整体色彩对比度较低，效果偏“灰”，要达到艺术照的理想效果需要提高对比度；其次，皮肤质感还需要通过处理达到柔和美白的效果。原始图像效果如图 7–48 所示。

（2）使用【Ctrl+J】键，复制一层（复制目的是保留原始图像，如果调整的效果不满意，可删除复制层，重新开始）。使用快捷键【Ctrl +L】，弹出“色阶”对话框，参数设置如图 7–49 所示。

图 7–48　原始人物图像

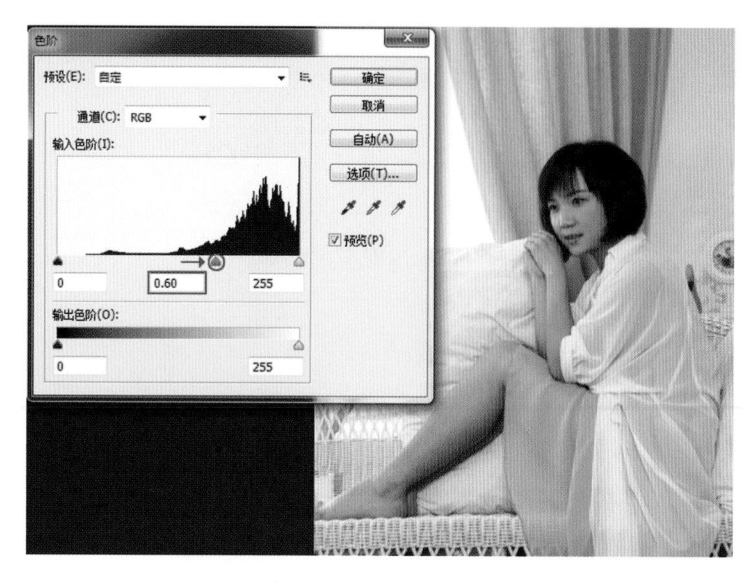

图 7–49　人物图像美化处理（1）

（3）使用快捷键【Ctrl+B】，弹出“色彩平衡”对话框，参数设置如图 7–50 所示，以降低图像红色倾向。

（4）使用 工具将图 7–51 所示的人物皮肤部分选出，并在“选择”菜单中选择“存储选区”命令，将选区命名为“01”后保存。

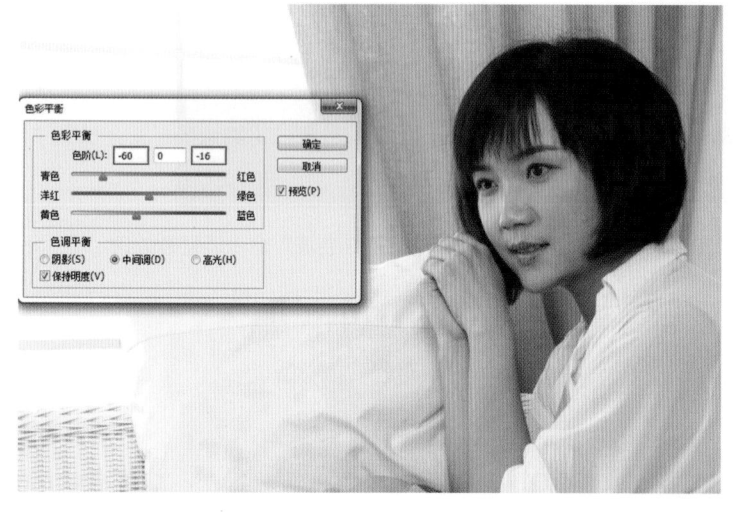

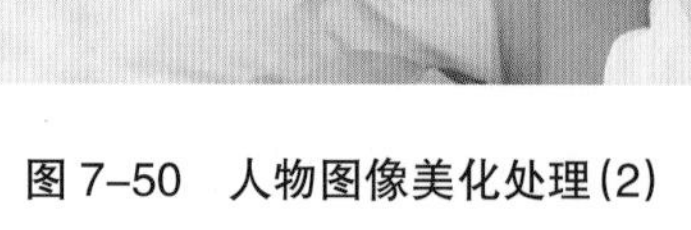

图 7–50　人物图像美化处理（2）

图 7–51　人物图像美化处理（3）

（5）使用【Shift+F6】键，将选区进行羽化处理，羽化值为 5。

（6）使用【Ctrl+C】键，将选区进行复制，接着按【Ctrl+V】键粘贴图层。

（7）如图 7–52 所示，将“图层 1”图层的混合模式设为“滤色”，不透明度设为 50%。

（8）使用 工具，在其工具栏中适当设定画笔大小和不透明度，在“图层 1”图层将人物的眉毛、眼睛、嘴唇处适度进行擦拭，使其清晰一些，效果如图 7–53 所示。

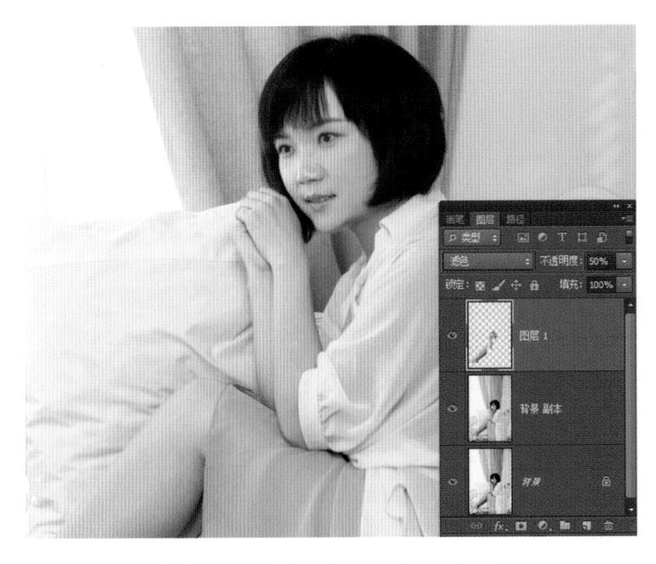

图 7-52 人物图像美化处理 (4)

图 7-53 人物图像美化处理 (5)

(9) 继续使用■工具，对人物皮肤与头发边缘处适度进行擦拭，使其过渡更加自然。

(10) 合并可见图层。

(11) 将人物颧骨部位用■工具选出来并适当羽化，使用【Ctrl+U】键，调整色相值为 -3，饱和度值为 +4，如图 7-54 所示。

(12) 使用■工具吸取人物眼袋部位较浅的颜色，使用■工具，在其工具栏中适当调整画笔大小和不透明度选项，在眼袋部分涂抹以淡化眼袋，效果如图 7-55 所示。

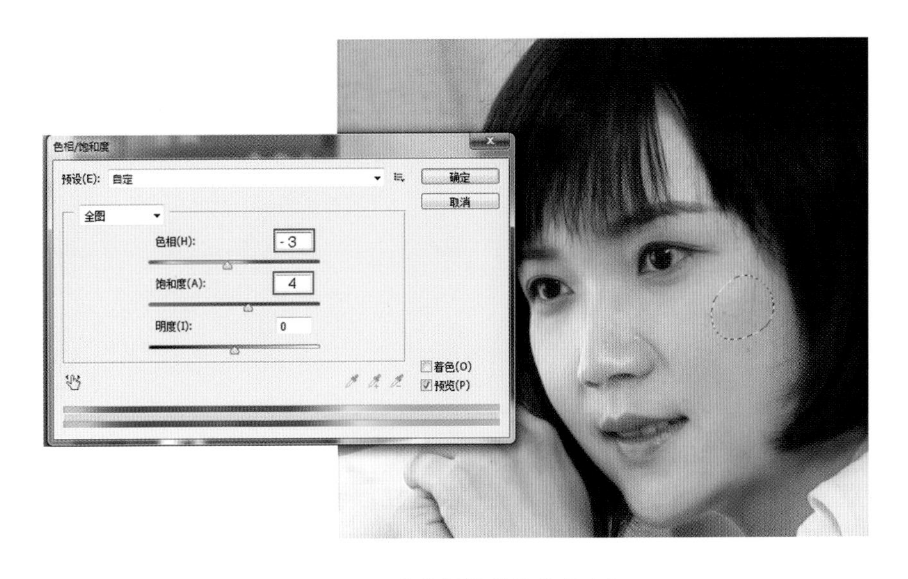

图 7-54 人物图像美化处理 (6)

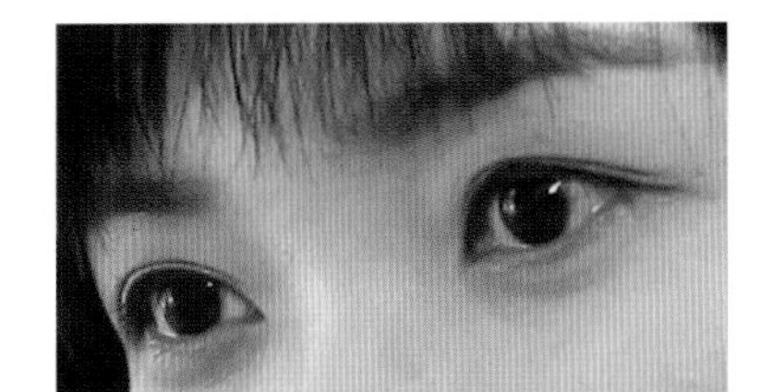

眼袋淡化处理前

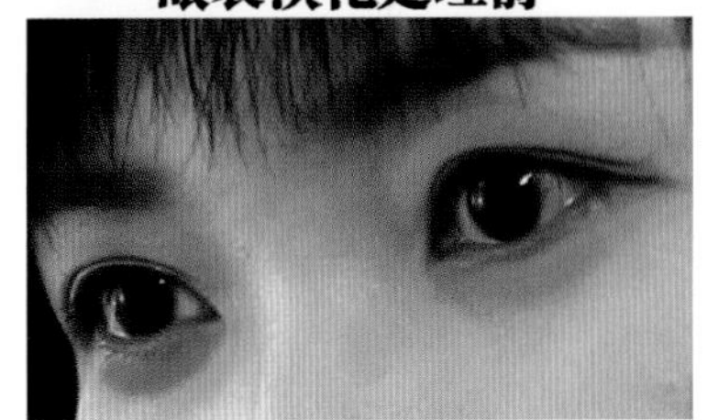

眼袋淡化处理后

图 7-55 人物图像美化处理 (7)

(13) 使用■工具，在其工具栏中设置范围为“阴影”，曝光度为 20%。适当调整画笔大小，在眼眉、睫毛、黑眼球部分涂抹以达到加深效果，如图 7-56 所示。

(14) 使用■工具将人物嘴唇选出来并适当“羽化”。使用【Ctrl+U】键，调整色相值为 -11，饱和度值为 +14，参数设置如图 7-57 所示。

(15) 使用■工具，并配合■工具在工具栏中适当调整画笔大小和不透明度，对人物面部细节瑕疵（小色斑、小皱纹等）进行美化处理。

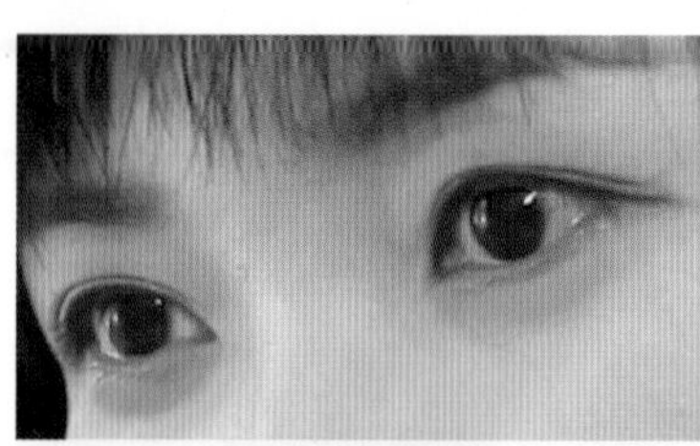

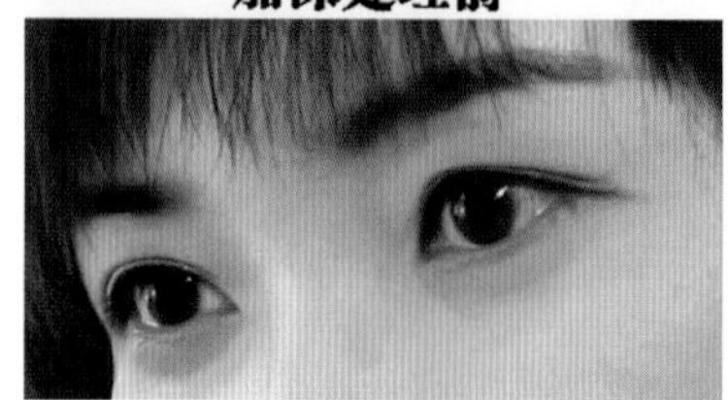

图 7-56　人物图像美化处理 (8)

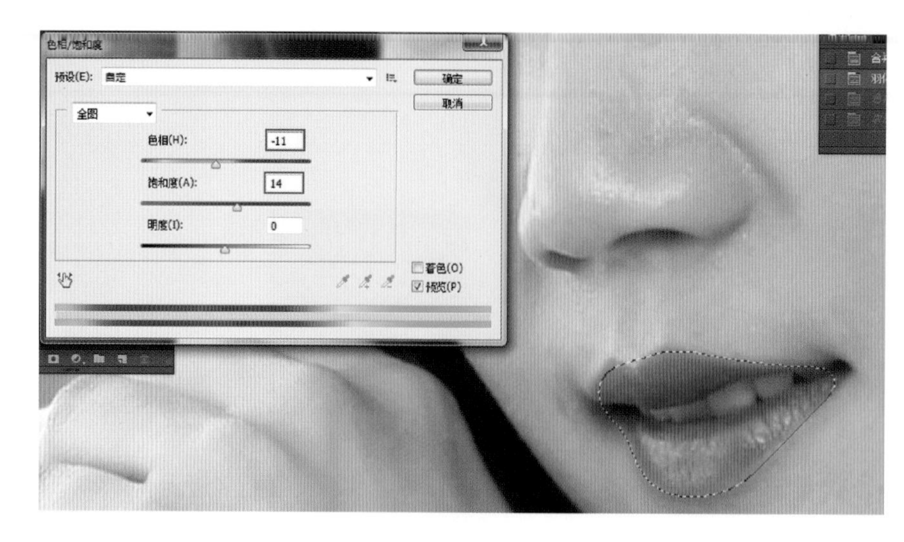

图 7-57　人物图像美化处理 (9)

至此，人物图像的修饰完成，效果如图 7-58 所示。

图 7-58　人物图像修饰完成的效果

Photoshop CS6 Shixun Jiaocheng

第八章

滤镜的使用

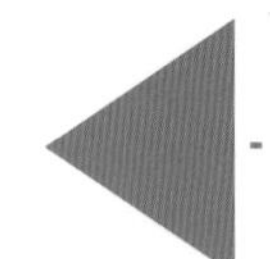

8.1 滤镜的介绍

根据 Photoshop 对滤镜的划分，主要分为以下几种类型。

内置滤镜：Photoshop 自带的滤镜，被广泛应用于纹理制作、图像效果的修整、图像处理等多个方面。

特殊滤镜：包括“自适应广角”“镜头校正”“液化”“油画”和“消失点”5 个滤镜。

外挂滤镜：此类滤镜需要单独购买。

Photoshop 内置滤镜非常多，由于篇幅有限，这里只介绍常见的类型。

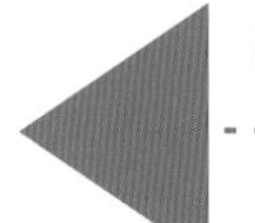

8.2 风格化滤镜组

风格化滤镜组中的滤镜命令可以通过置换像素和查找增加图像的对比度，使 Photoshop CS6 图像生成手绘图像或印象派绘画的效果。

单击“滤镜”→“风格化”命令，打开其子菜单，如图 8-1 所示。

图 8-1 “风格化”子菜单

1. 查找边缘滤镜

查找边缘滤镜主要用于强化边缘的过渡像素，从而产生一个清晰的轮廓，如图 8-2 所示。

注意：先加大图像的对比度，然后再应用此滤镜，可以得到更多更细致的边缘，如图 8-3 所示。

使用该滤镜时，要求原图像最好具有强烈反差的边界和有明显的直线条，这样制作出来的作品更像速写和铅笔画，其淡彩效果也非常迷人。如果原图片包含的反差层次比较多，该方法就不容易找到边界。

图 8-2　原图和使用滤镜后的效果

图 8-3　加大图像对比度后的效果

2. 等高线滤镜

等高线滤镜类似于查找边缘滤镜的效果，但允许指定过渡区域的色调水平，主要作用是勾画图像的色阶范围。打开“等高线”对话框，如图 8-4 所示。

图 8-4　“等高线”对话框

色阶：可以通过拖动三角形滑块或输入数值来指定色阶的阈值(0 到 255)。

较低：勾画像素的颜色低于指定色阶的区域。

较高：勾画像素的颜色高于指定色阶的区域。

图 8-5 所示为调节图像色阶值得到的效果。

(a)原图像　　(b) 色阶值较小　　(c) 色阶值较大

图 8-5　调节色阶值的效果

3. 风滤镜

在图像中色彩相差较大的边界上增加细小的水平短线来模拟风的效果。

如图 8-6 所示，打开“风”对话框。

图 8-6　“风”对话框

风：细腻的微风效果。

大风：比风效果要强烈得多，图像改变很大，如图 8-7 所示。

图 8-7　原图和大风效果

飓风：最强烈的风效果，图像已发生变形。

从左：风从左面吹来。

从右：风从右面吹来。

4. 浮雕效果滤镜

浮雕效果滤镜主要用于制作图像的浮雕效果，对比度越大的图像，浮雕的效果越明显。

如图 8-8 所示，打开“浮雕效果”对话框。

角度：为光源照射的方向。

高度：为凸出的高度。

数量：为颜色数量的百分比，可以突出图像的细节。

图 8-9 所示为使用浮雕效果滤镜得到的效果。

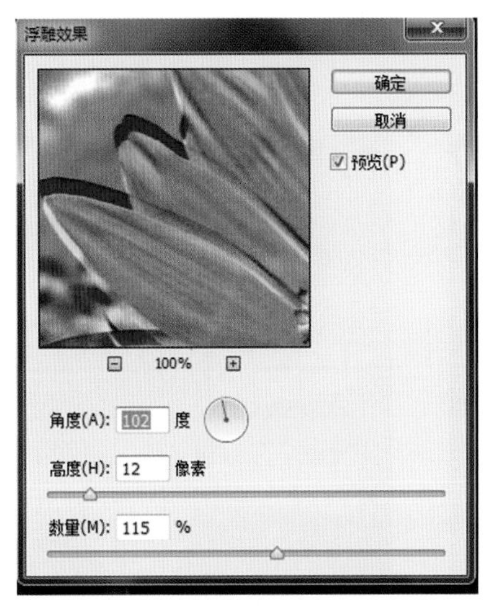

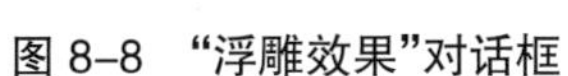

图 8-8 “浮雕效果”对话框

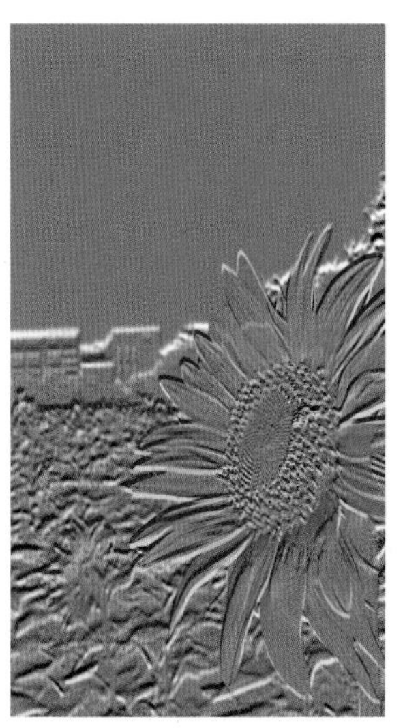

图 8-9 原图和使用浮雕效果滤镜的效果

5. 扩散滤镜

扩散滤镜通过搅动图像的像素，产生油画或类似透过磨砂玻璃观看图像的效果。

如图 8-10 所示，打开“扩散”对话框。

正常：为随机移动像素，使图像的色彩边界产生毛边的效果，如图 8-11 所示。

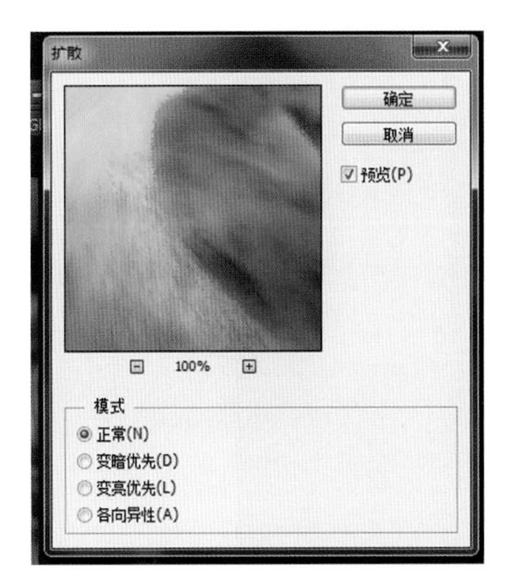

图 8-10 “扩散”对话框

图 8-11 原图和使用正常模式的图像效果

变暗优先：用较暗的像素替换较亮的像素。

变亮优先：用较亮的像素替换较暗的像素。

6. 拼贴滤镜

拼贴滤镜可以产生不规则瓷砖拼凑成的图像效果。

打开“拼贴”对话框，如图 8-12 所示。

拼贴数：设置行或列中分裂出的最小拼贴块数。

最大位移：为贴块偏移其原始位置的最大距离(百分数)。

背景色：用背景色填充拼贴块之间的缝隙。

前景颜色：用前景色填充拼贴块之间的缝隙。

反向图像：用原图像的反相色图像填充拼贴块之间的缝隙。

未改变的图像：使用原图像填充拼贴块之间的缝隙。

图 8-13 所示为使用拼贴滤镜得到的效果。

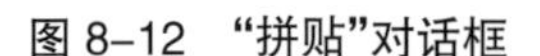
图 8-12 “拼贴”对话框

图 8-13 原图和使用拼贴滤镜的效果

7. 曝光过度滤镜

曝光过度滤镜可以模拟出摄影中增加光线强度而产生的过度曝光的效果，也可以解释为图像产生原图像与原图像的反相进行混合后的效果。图 8-14 所示为使用曝光过度滤镜得到的效果。

注意：曝光过度滤镜不能应用在 Lab 模式下。

图 8-14 原图和使用曝光过度滤镜的效果

8. 凸出滤镜

凸出滤镜将图像分割为指定的三维立方块或棱锥体，可以产生特殊的 3D 效果。

如图 8–15 所示，打开“凸出”对话框。

图 8–15 “凸出”对话框

块：将图像分解为三维立方块，将用图像填充立方块的正面。

金字塔：将图像分解为类似金字塔形的三棱锥体。

大小：设置块或金字塔的底面尺寸。

深度：控制块突出的深度。

随机：选中此项后使块的深度取随机数。

基于色阶：选中此项后使块的深度随色阶的不同而定。

立方体正面：勾选此项，将用该块的平均颜色填充立方块的正面。

蒙版不完整块：使所有块的突起包括在颜色区域。

图 8–16 所示为使用凸出滤镜的效果。

图 8–16 原图和使用凸出滤镜的效果

8.3 模糊滤镜组

模糊滤镜组的主要作用是去除图像的杂色，或者创建特殊模糊效果。

单击“滤镜”→“模糊”命令，打开其子菜单，共有图 8-17 所示几种形式。

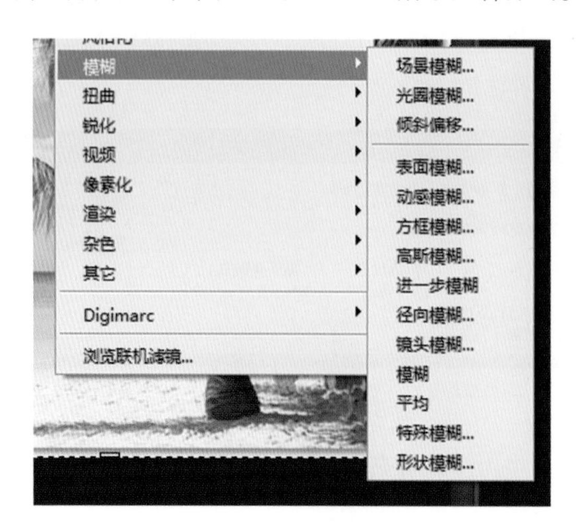

图 8-17　“模糊”子菜单

1. 场景模糊滤镜

可以在图像中添加多个模糊点，用来控制图像中不同区域的清晰或模糊程度，以达到创建景深的效果。

如图 8-18 所示，打开模糊工具面板和模糊效果面板。

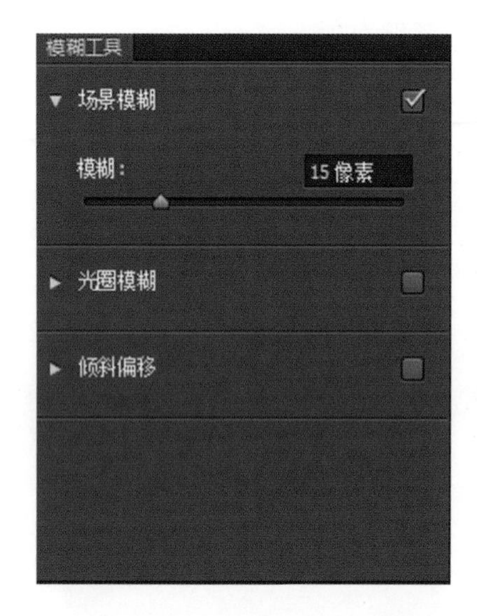

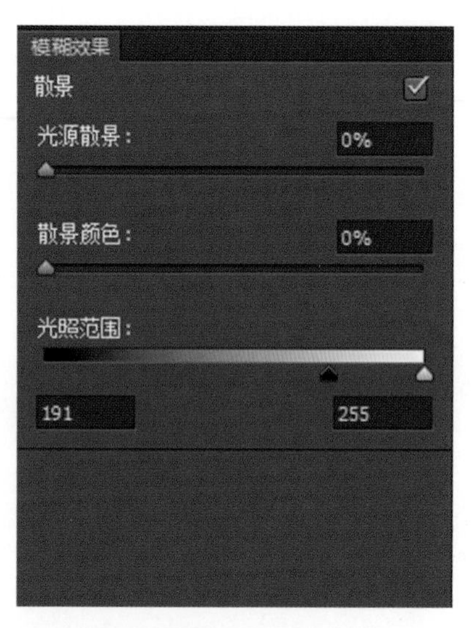

图 8-18　模糊工具面板和模糊效果面板

注意：图片中的场景一般都是“近景清晰，远景模糊”。

模糊：控制模糊的强弱程度。将“模糊”选项设置为 0 像素时，控制点附近的图像则会变得更清晰，否则将会变得模糊。

光源散景：控制散景的亮度，也就是图像中高光区域的亮度，数值越大亮度越高。所谓散景，就是图像中焦点以外的发光区域，类似光斑效果。

散景颜色：控制高光区域的颜色。由于是高光，所以颜色一般都比较淡。

光照范围：用色阶来控制高光范围，数值为 0～255 之间的数，范围越大，高光就越大，否则高光就越小。

图 8-19 所示为使用场景模糊的位置。

图 8-19 原图和使用场景模糊滤镜的位置

通过添加、改变模糊控制点的中心位置，进行景深的模糊控制，最终效果如图 8-20 所示。

图 8-20 使用场景模糊的效果最终效果

2. 光圈模糊滤镜

光圈模糊滤镜可以通过在图像中添加控制点、控制模糊范围和过渡模糊层次等操作，从而得到一种大光圈镜头式的自然景深效果。

打开“光圈模糊”选项，如图 8-21 所示。

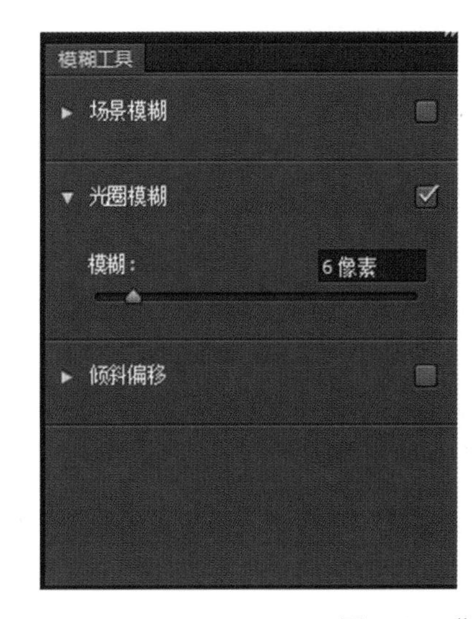

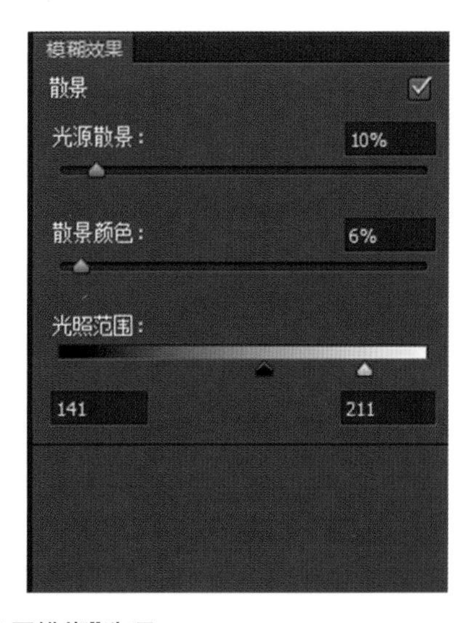

图 8-21 “光圈模糊”选项

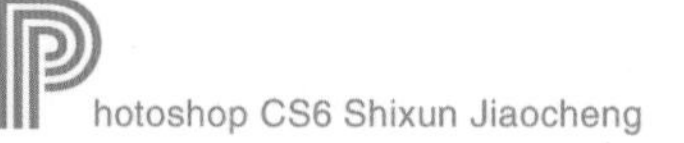

光圈模糊滤镜的参数和场景模糊滤镜的参数类似，效果如图 8-22 所示。

图 8-22　模糊控制点的调整和最终效果

3. 表面模糊滤镜

表面模糊滤镜可以在保留边缘的同时对图像进行模糊处理，能够消除图像的杂色或颗粒。

打开“表面模糊”对话框，如图 8-23 所示。

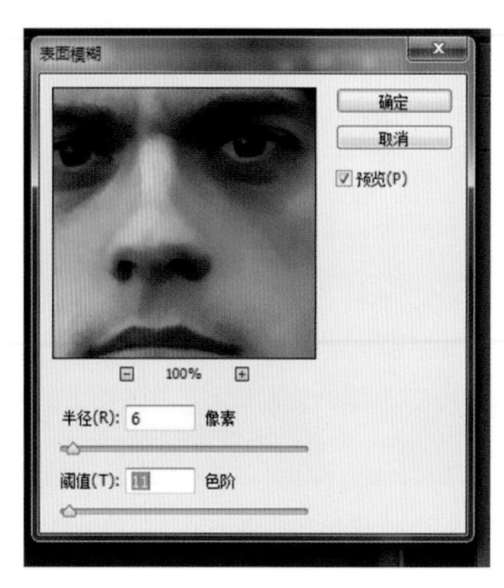

图 8-23　“表面模糊”对话框

半径：设置模糊取样的范围大小。

阈值：设置相邻像素色调值与中心像素色调值相差多大时才能成为模糊的一部分。色调值差小于阈值的像素不进行模糊处理。

图 8-24 所示为使用表面模糊滤镜的效果。

图 8-24　原图和使用表面模糊滤镜的效果

注意：在“表面模糊”对话框中修改参数以后，如果按住【Alt】键，对话框中的“取消”按钮就会变成“复位”按钮，可以将参数恢复到初始状态。

4. 动感模糊滤镜

动感模糊滤镜可以对图像像素进行线性位移操作，从而产生沿某一方向运动的模糊效果。就像拍摄处于运动状态的物体照片一样，使静态图像产生动态效果。

打开“动感模糊”对话框，如图 8-25 所示。

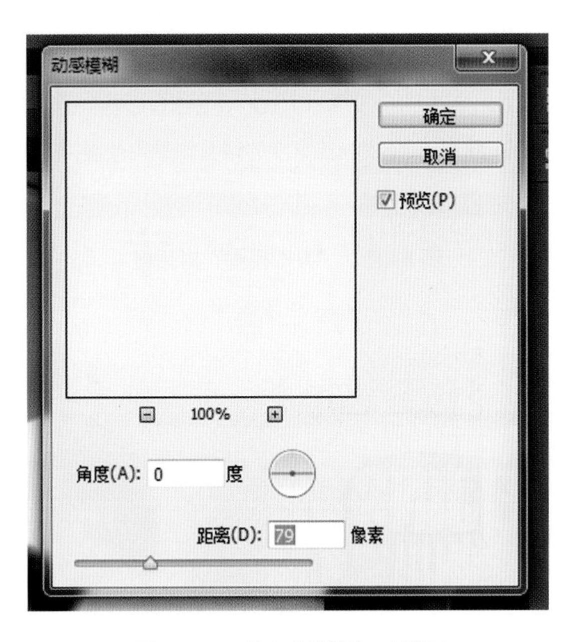

图 8-25 “动感模糊”对话框

角度：设置动感模糊的方向。

距离：设置像素移动的距离。取值越大，模糊效果越强。

图 8-26 所示为使用动感模糊滤镜的效果。

图 8-26 原图和使用动感模糊滤镜的效果

5. 方框模糊滤镜

方框模糊滤镜基于相邻像素的平均颜色值来模糊图像，生成类似于方块状的模糊效果。

打开“方框模糊”对话框，如图 8-27 所示。

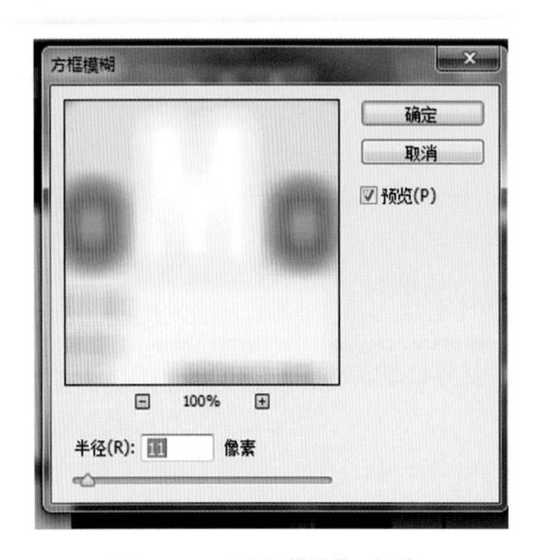

图 8-27　“方框模糊”对话框

半径：设置模糊区域的大小。值越大，产生的模糊效果范围越大。

图 8-28 所示为使用方框模糊滤镜的效果。

图 8-28　原图和使用方框模糊滤镜的效果

6. 高斯模糊滤镜

高斯模糊滤镜可以使图像产生一种朦胧效果。

打开“高斯模糊”对话框，如图 8-29 所示。

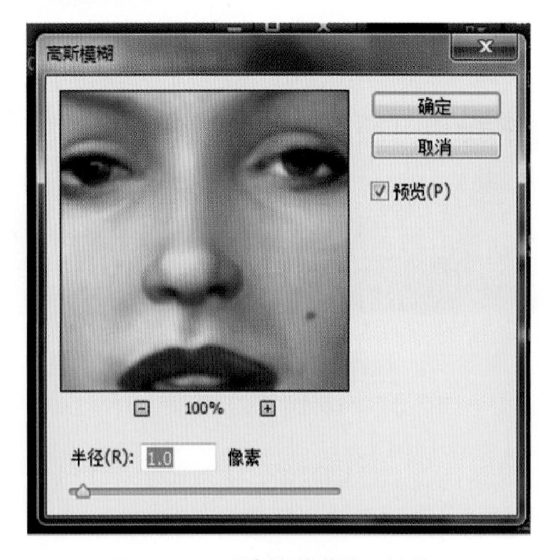

图 8-29　“高斯模糊”对话框

半径：设置图像的模糊程度。值越大，模糊效果越强烈。

图 8–30 所示为使用高斯模糊滤镜的效果。

7. 模糊滤镜和进一步模糊滤镜

模糊滤镜和进一步模糊滤镜这两个滤镜都能够对图像进行轻微模糊的处理，对图像中有显著颜色变化的地方进行杂色的消除。

模糊滤镜可以达到柔化图像边缘的模糊效果。

进一步模糊滤镜比模糊滤镜所产生的模糊效果强 3 ~ 4 倍。

8. 径向模糊滤镜

径向模糊滤镜可以制作出旋转动态的模糊效果，或者从图像中心向四周辐射的模糊效果。

打开“径向模糊”对话框，如图 8–31 所示。

图 8–30　原图和使用高斯模糊滤镜的效果

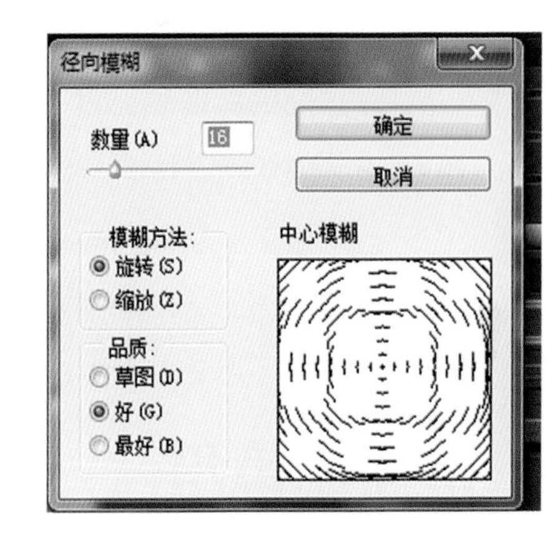

图 8–31　“径向模糊”对话框

图 8–32 所示为使用径向模糊滤镜的效果。

图 8–32　原图和使用径向模糊滤镜的效果

9. 形状模糊滤镜

形状模糊滤镜可以根据预置形状或自定义形状对图像进行模糊处理。

打开“形状模糊”对话框，如图 8–33 所示。

半径：设置模糊的程度。值越大，模糊的效果越明显。

形状：单击列表中的一个形状即可使用该形状模糊图像。单击列表右侧的 ✿ 按钮，可以在打开的下拉菜单中载入其他形状库。

图 8-34 所示为使用形状模糊滤镜的效果。

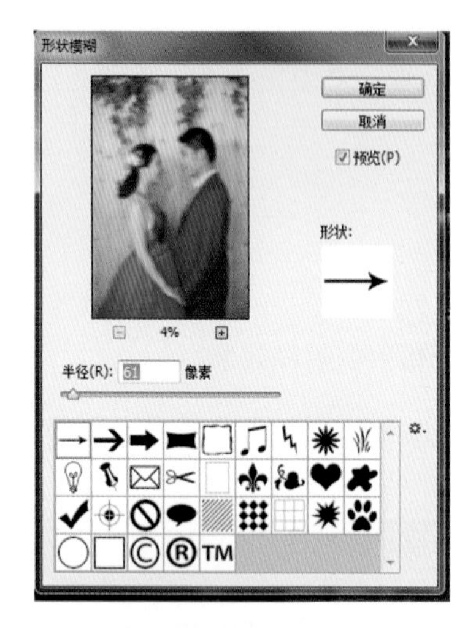

图 8-33 “形状模糊”对话框

图 8-34 原图和使用形状模糊滤镜的效果

8.4 扭曲滤镜组

扭曲滤镜组通过对图像应用扭曲变形来实现各种效果。

单击“滤镜”→“扭曲”命令，打开其子菜单，如图 8-35 所示。

1. 波浪滤镜

波浪滤镜可以使图像产生波浪扭曲效果。打开“波浪”对话框，如图 8-36 所示。

图 8-35 “扭曲”子菜单

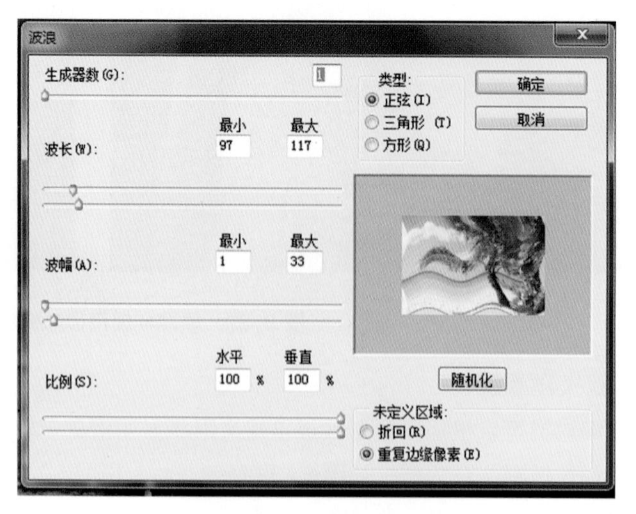

图 8-36 “波浪”对话框

生成器数：控制产生波的数量，范围是 1 到 999。

波长：决定相邻波峰之间的距离。

波幅：决定波的高度。

比例：控制图像在水平或垂直方向上的变形程度。

类型：有三种类型可供选择，分别是正弦、三角形和方形。

随机化：每单击一下此按钮都可以为波浪指定一种随机效果。

折回：将变形后超出图像边缘的部分反卷到图像的对边。

重复边缘像素：将图像中因为弯曲变形超出图像的部分分布到图像的边界上。

图 8-37 所示为使用波浪滤镜的效果。

图 8-37　原图和使用波浪滤镜的效果

2. 波纹滤镜

使用波纹滤镜可以使图像产生类似水波纹的效果。

打开“波纹”对话框，如图 8-38 所示。

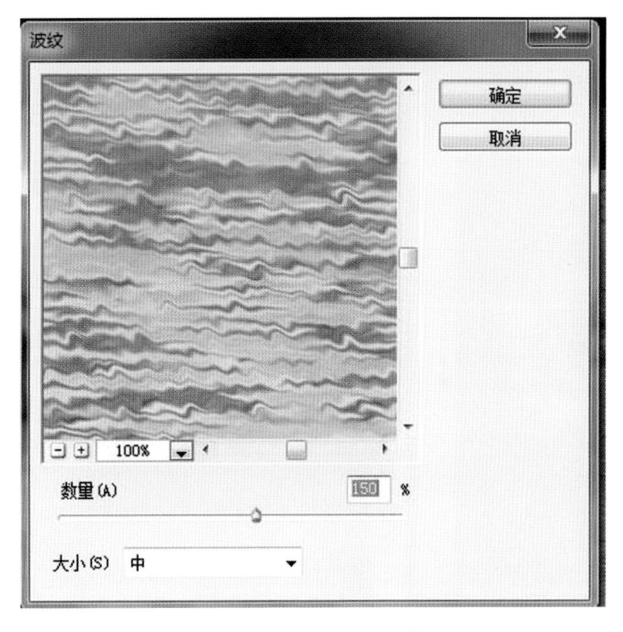

图 8-38　“波纹”对话框

数量：控制波纹的变形幅度，范围是 –999% 到 999%。

大小：有大、中和小三种波纹可供选择。

图 8–39 所示为使用波纹滤镜的效果。

图 8–39　原图和使用波纹滤镜的效果

3. 极坐标滤镜

极坐标滤镜可将图像的坐标从平面坐标转换为极坐标或从极坐标转换为平面坐标。

图 8–40 所示为使用极坐标滤镜的效果。

图 8–40　原图和使用极坐标滤镜的效果

4. 挤压滤镜

挤压滤镜使图像的中心产生凸起或凹下的效果。打开“挤压”对话框，如图 8–41 所示。

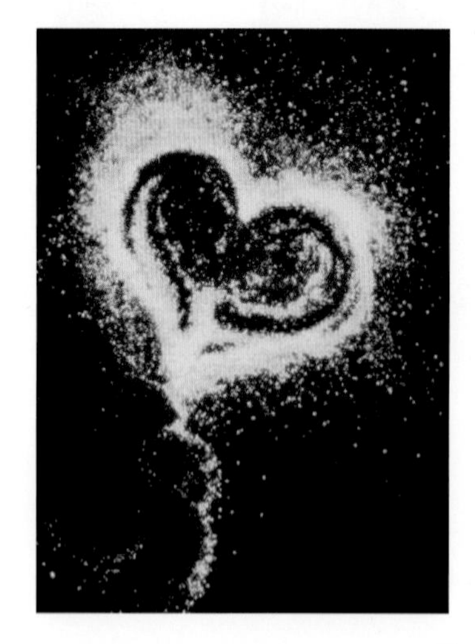

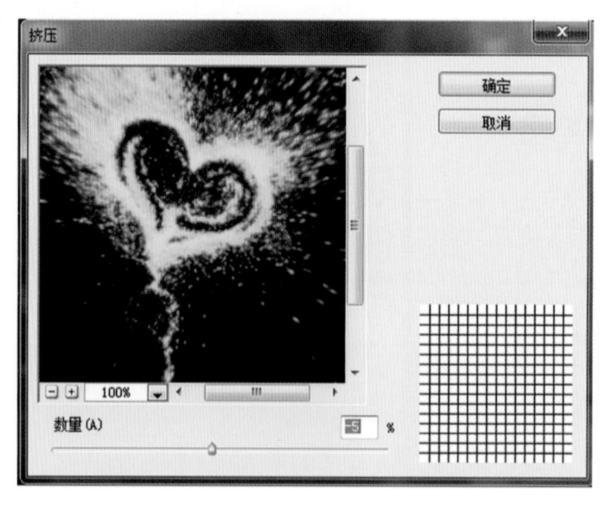

图 8–41　原图和“挤压”对话框

数量：控制挤压的强度，正值为向内挤压，负值为向外挤压，范围是 -100% 到 100%。图 8-42 为向内和向外挤压的效果。

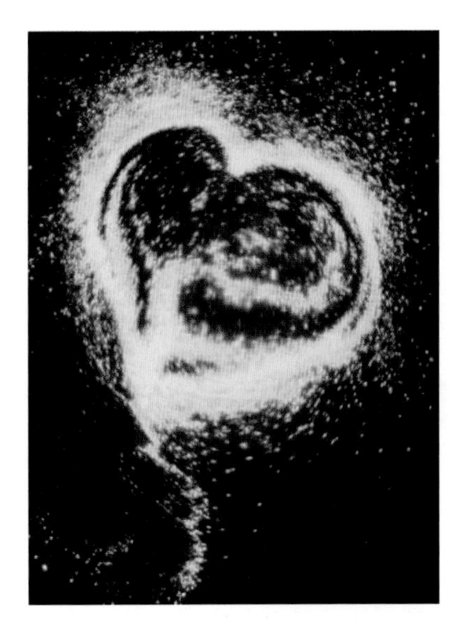
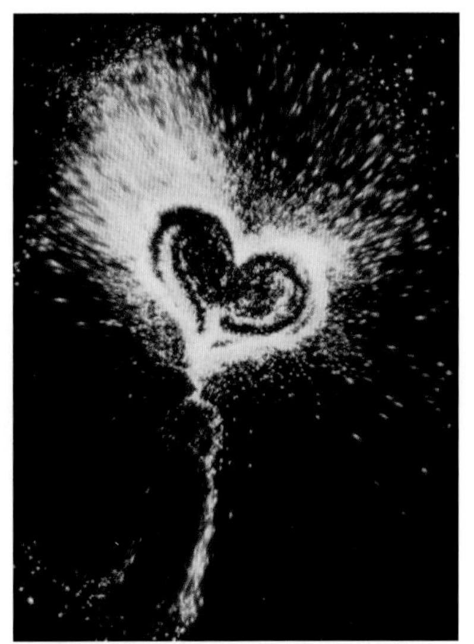

图 8-42 向内和向外挤压的效果

5. 切变滤镜

切变滤镜可以控制指定的点来弯曲图像。

打开“切变”对话框，通过点的绘制来改变图像的形状，如图 8-43 所示。

折回：将切变后超出图像边缘的部分反卷到图像的对边。

重复边缘像素：将图像中因为切变变形超出图像的部分分布到图像的边界上。

图 8-44 所示为使用切变滤镜的效果。

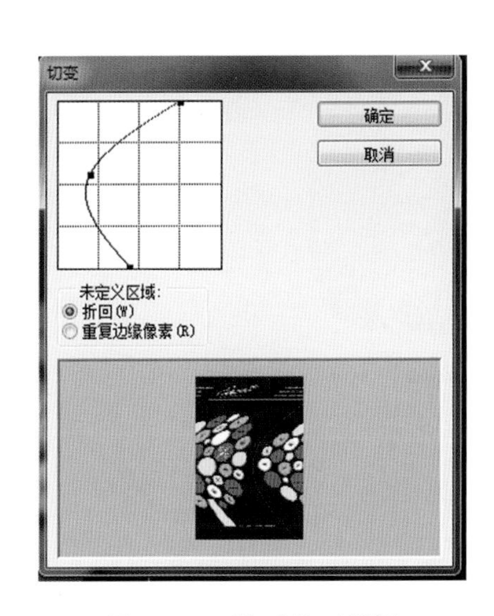

图 8-43 “切变”对话框

图 8-44 原图和使用切变滤镜的效果

6. 球面化滤镜

球面化滤镜可以使选区中心的图像产生凸出或凹陷的球体效果，类似挤压滤镜的效果。

打开“球面化”对话框，如图 8-45 所示。

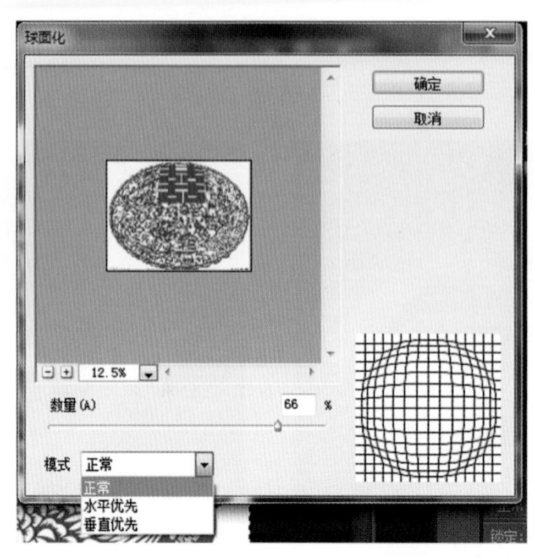

图 8-45 “球面化”对话框

数量：控制图像变形的强度，正值产生凸出效果，负值产生凹陷效果，范围是 -100% 到 100%。

模式：下拉列表中有三个选项。

正常：在水平和垂直方向上共同变形。

水平优先：只在水平方向上变形（见图 8-46）。

垂直优先：只在垂直方向上变形（见图 8-46）。

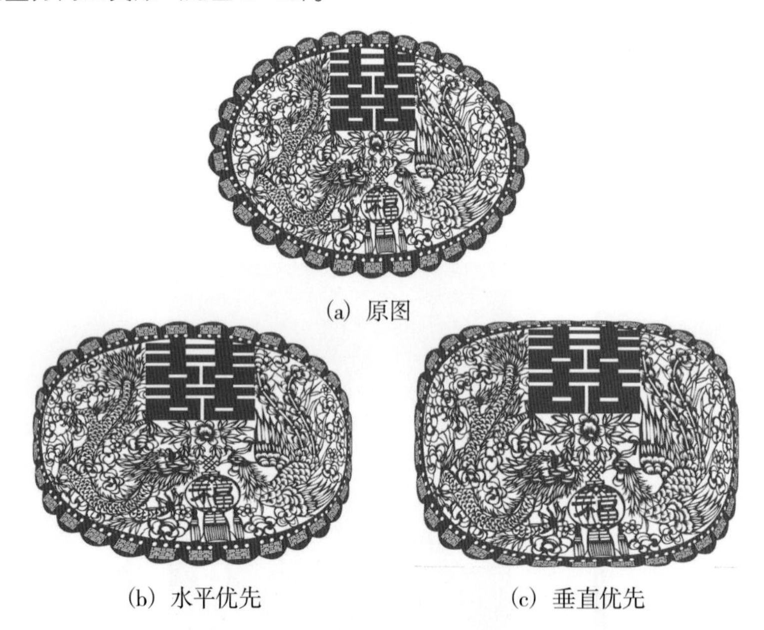

(a) 原图

(b) 水平优先　　(c) 垂直优先

图 8-46 水平优先和垂直优先的效果

8.5 锐化滤镜组

应用锐化滤镜组可以快速聚焦模糊边缘，提高图像中某一部位的清晰度或者焦距程度，使图像特定区域的色

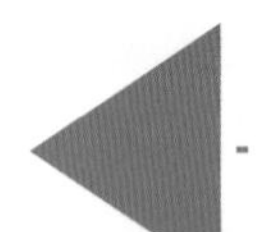

彩更加鲜明。

单击“滤镜”→“锐化”命令，打开其子菜单，如图 8–47 所示。

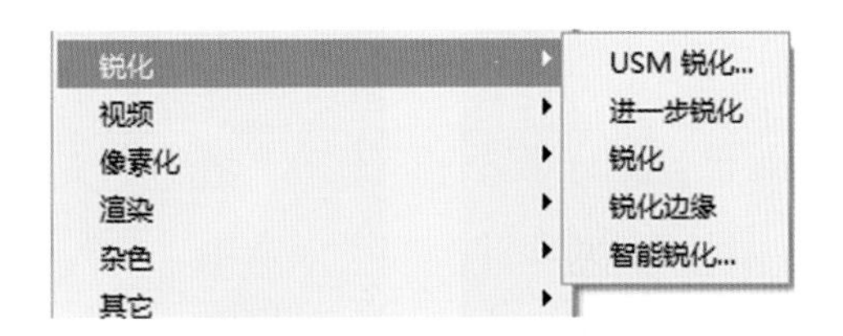

图 8–47　“锐化”子菜单

1. 锐化滤镜

锐化滤镜可以通过增加相邻像素点之间的对比，使图像清晰化，提高对比度，使画面更加鲜明。此滤镜锐化程度较为轻微，使图像产生简单的锐化效果。

2. 进一步锐化滤镜

进一步锐化滤镜可以产生强烈的锐化效果，用于提高对比度和清晰度。进一步锐化滤镜比锐化滤镜应用更强的锐化效果。应用进一步锐化滤镜可以获得执行多次锐化滤镜的效果，可以产生比锐化滤镜更强的锐化效果。

3. USM 锐化滤镜

USM 锐化滤镜用来锐化图像中的边缘地带，可以快速调整图像边缘细节的对比度，并在边缘的两侧生成一条亮线和一条暗线，使画面整体更加清晰。USM 锐化滤镜能改善图像边缘的清晰度。

打开“USM 锐化”对话框，如图 8–48 所示。

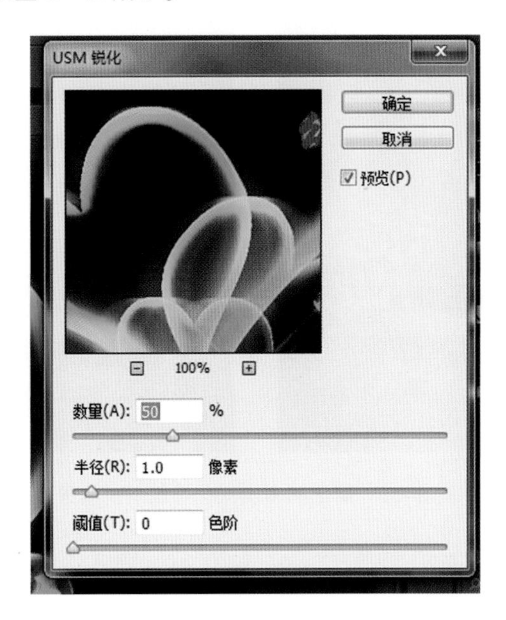

图 8–48　“USM 锐化”对话框

数量：控制锐化效果的强度。

半径：指定锐化的半径。该设置决定了边缘像素周围影响锐化的像素数。图像的分辨率越高，半径设置应越大。

阈值：相邻像素之间的比较值。该值决定了像素的色调必须与周边区域的像素相差多少才被视为边缘像素，进而使用 USM 滤镜对其进行锐化。默认值为 0，这将锐化图像中所有的像素。

图 8–49 所示为多次使用 USM 锐化滤镜的效果。

图 8-49　原图和多次使用 USM 锐化滤镜的效果

4. 智能锐化滤镜

智能锐化滤镜与 USM 锐化滤镜比较相似，但它具有独特的锐化控制选项。它可以设置锐化算法或控制在阴影和高光区域中进行的锐化量。

5. 锐化边缘滤镜

锐化边缘滤镜只锐化图像的边缘，同时保留总体的平滑度。与锐化滤镜的效果相同，但它只是锐化图像的边缘，效果如图 8-50 所示。

图 8-50　原图和多次锐化边缘后的效果

8.6 像素化滤镜组

像素化滤镜组可以通过单元格中颜色值相近的像素结成许多小块，并将这些小块重新组合或有机地分布，形成像素组合效果。

单击“滤镜”→“像素化”命令，打开其子菜单，如图 8-51 所示。

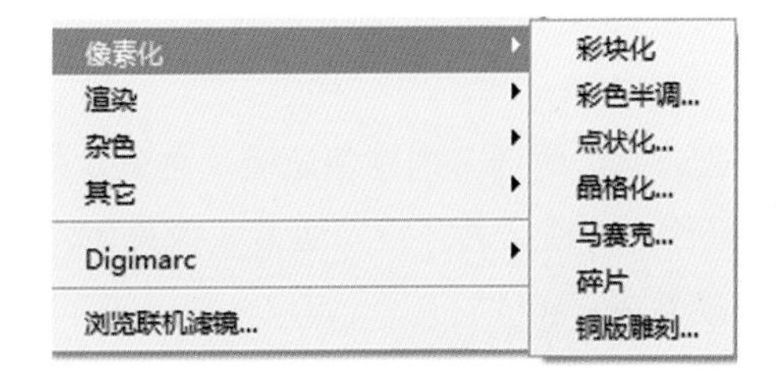

图 8-51 “像素化”子菜单

1. 彩块化滤镜

彩块化滤镜将图像中的纯色或颜色相近的像素集结起来形成彩色色块，从而生成彩块化效果，如图 8-52 所示。

图 8-52 原图和多次重复“彩块化”操作后的效果

2. 彩色半调滤镜

彩色半调滤镜模拟对图像的每个通道使用放大的半调网屏的效果。半调网屏由网点组成，网点控制印刷时特定位置的油墨量。高光部分生成的网点较小，阴影部分生成的网点较大。

打开“彩色半调”对话框，如图 8-53 所示。

彩色半调
最大半径(R): 8 (像素)
确定
取消
网角(度):
通道 1(1): 108
通道 2(2): 162
通道 3(3): 90
通道 4(4): 45

图 8-53 “彩色半调”对话框

最大半径：指定半调网点的最大半径值。值越大，半调网点就越大。

网角：设置每个通道的网点与实际水平线的夹角。不同色彩模式使用的通道数不同。

对于灰度模式的图像，只能使用“通道 1”。

对于 RGB 图像，使用通道 1 为红色通道，通道 2 为绿色通道，通道 3 为蓝色通道。

对于 CMYK 图像，使用通道 1 为青色，通道 2 为洋红，通道 3 为黄色，通道 4 为黑色。

图 8–54 所示为使用彩色半调滤镜的效果。

图 8–54　原图和使用彩色半调滤镜的效果

3. 点状化滤镜

点状化滤镜将图像中的颜色分解为随机分布的网点，并使用背景色作为网点之间的画布颜色，形成类似点状化绘图的效果。

打开“点状化”对话框，如图 8–55 所示。

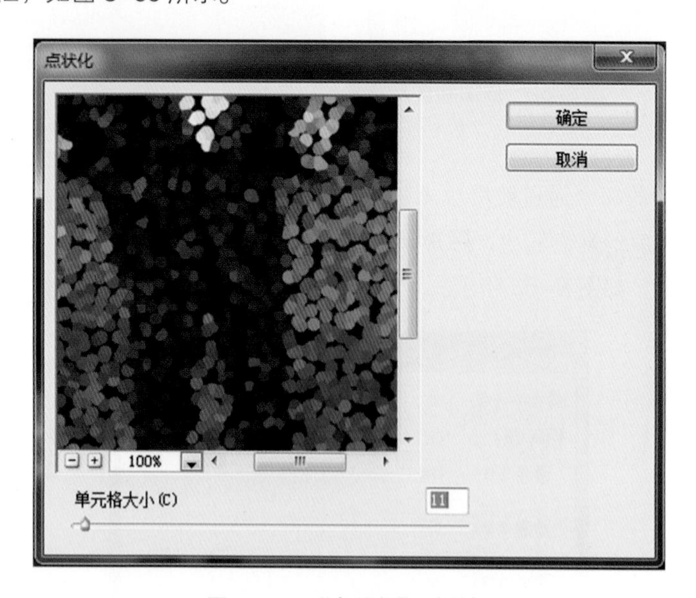

图 8–55　“点状化”对话框

单元格大小：设置点状化的大小。值越大，点块就越大。

图 8–56 所示为使用点状化滤镜的效果。

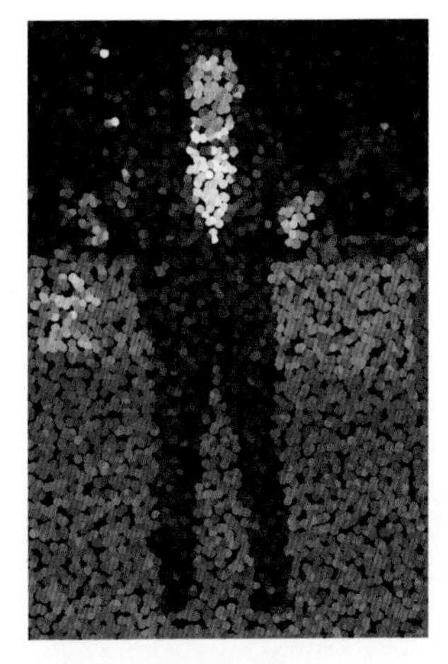

图 8-56　原图和使用点状化滤镜的效果

4. 晶格化滤镜

晶格化滤镜使图像产生结晶般的块状效果。在“晶格化”对话框中，单元格大小设置结晶体的大小。值越大，结晶体就越大，效果如图 8-57 所示。

图 8-57　原图和使用晶格化滤镜的效果

5. 马赛克滤镜

马赛克滤镜可以让图像中的像素集结成块状效果。

如图 8-58 所示，在图像中七星瓢虫的位置创建一个选区，再应用马赛克滤镜，则可以将该区域生成马赛克画面效果。

图 8-58　原图和使用马赛克滤镜的效果

6. 碎片滤镜

碎片滤镜可以使图像产生重叠位移的模糊效果。

如图 8–59 所示为多次使用碎片滤镜后的效果，快捷键为【Ctrl+F】。

图 8–59 原图和使用碎片滤镜的效果

7. 铜版雕刻滤镜

铜版雕刻滤镜在图像中随机生成各种不规则的直线、曲线和斑点，使图像产生年代久远的金属板效果。

打开“铜版雕刻”对话框，如图 8–60 所示。

在“类型”选项中可以设置铜版雕刻的类型，包括精细点、中等点、粒状点、粗网点、短直线、中长直线、长直线、短描边、中长描边和长描边等类型，选择不同的类型将有不同的效果。选择“长直线”的效果为图 8–61 所示。

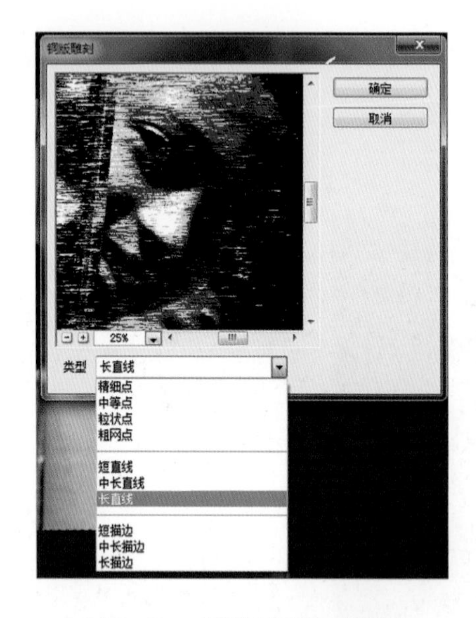

图 8–60 “铜版雕刻”对话框

图 8–61 原图和类型为“长直线”的效果

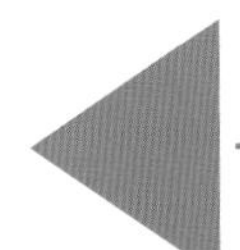

8.7 渲染滤镜组

镜头光晕滤镜模拟照相机镜头由于亮光所产生的镜头光斑效果，常用来表现玻璃、金属等反射的反射光，或用来增强日光和灯光效果。

打开“镜头光晕”对话框，如图 8-62 所示。

图 8-62 “镜头光晕”对话框

光晕中心：设置光晕的中心位置。在预览窗口中单击或拖动窗口中的十字形标记，可改变光晕中心的位置。

亮度：设置光晕的亮度。值越大，光晕的亮度也越大。

镜头类型：不同的镜头将产生不同的光晕效果。

使用镜头光晕滤镜的效果如图 8-63 所示。

图 8-63 原图和使用镜头光晕滤镜的效果

模拟聚光灯的效果，如图 8-64 所示。

图 8-64　模拟聚光灯的效果

8.8 杂色滤镜组

杂色滤镜组可以添加或去除杂色或带有随机分布色阶的像素，创建与众不同的纹理，也可以去除有问题的区域。

单击“滤镜”→“杂色”命令，打开其子菜单，如图 8-65 所示。

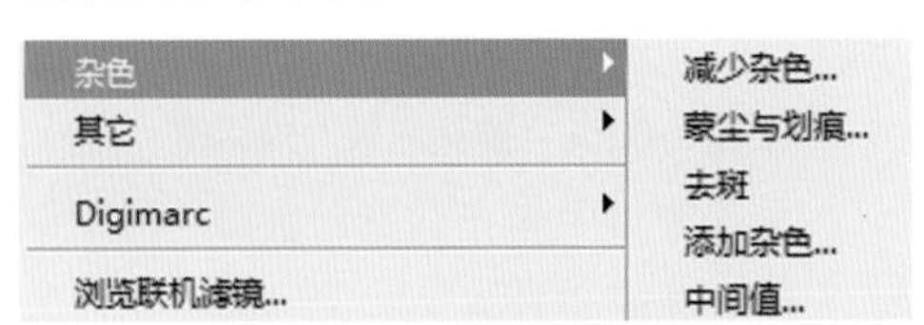

图 8-65　“杂色”子菜单

1. 减少杂色滤镜

减少杂色滤镜可以通过对整个图像或各个通道的设置，减少图像中的杂色效果，如图 8-66 所示。

图 8-66　使用减少杂色滤镜的效果

2. 蒙尘与划痕滤镜

蒙尘与划痕滤镜可以去除像素邻近区域差别较大的像素，以减少杂色，修复图像的细小缺陷，效果如图 8-67 所示。

图 8-67 使用蒙尘与划痕滤镜的效果

3. 去斑滤镜

去斑滤镜用于探测图像中有明显颜色改变的区域，并模糊除边缘区域以外的所有部分。

4. 添加杂色滤镜

添加杂色滤镜可以在图像上随机添加一些杂点，以产生有杂色的图像效果。

5. 中间值滤镜

中间值滤镜可以在邻近的像素中搜索，去除与邻近像素相差过大的像素，用得到的像素中间亮度来替换中心像素的亮度值，使图像变得模糊。

8.9 高反差保留滤镜

高反差保留滤镜可以在明显的颜色过渡处，删除图像中亮度逐渐变化的低频率细节，保留边缘细节，并且不显示图像的其余部分。该滤镜对于从扫描图像中取出艺术线条和大的黑白区域非常有用。

执行“滤镜”→“其它”→“高反差保留”命令，打开“高反差保留”对话框，如图 8-68 所示。

半径：用于调整原图像保留的程度。该值越高，保留的原图像越多。如果该值为 0 像素，则整个图像会变为灰色。

图 8-69 所示为使用高反差保留滤镜的效果。

高反差保留滤镜对于从图像中取出艺术线条和大的黑白区域非常有用。一般做法是复制原图层，采用高反差保留，并进行“亮光”处理，使图像的线条更清晰，如图 8-70 所示。

高反差保留
确定
取消
预览(P)
100%
半径(R): 5.1 像素

图 8-68 “高反差保留”对话框

图 8-69 原图和使用高反差保留滤镜的效果

图 8-70 调整图层混合模式为“亮光”

8.10 转换为智能滤镜

普通的滤镜功能一执行，原图层就被更改为滤镜的效果了，如果效果不理想想恢复，只能从历史记录里退回到执行前。而智能滤镜，就像给图层加样式一样，在 Photoshop CS6 的图层面板中，可以把这个滤镜删除，或者重新修改这个滤镜的参数，可以关掉滤镜效果的小眼睛而显示原图，所以很方便再次修改。这就是 Photoshop CS6 智能滤镜的好处。

8.11 Photoshop CS6 滤镜库

滤镜库是一个集中了大部分滤镜效果的对话框，它可以将一个或多个滤镜应用于图像，或者对同一图像多次应用同一滤镜，还可以使用对话框中的其他滤镜替换原来已经使用的滤镜。

1. 风格化——照亮边缘滤镜

照亮边缘滤镜可以制作出类似霓虹灯的光亮效果，使图像的边缘发光。

单击“滤镜”→“滤镜库”命令，打开滤镜库，单击中间栏的“风格化”前的小三角形，展开，选择“照亮边缘”命令，图 8–71 所示是为图像添加“照亮边缘”后的效果。

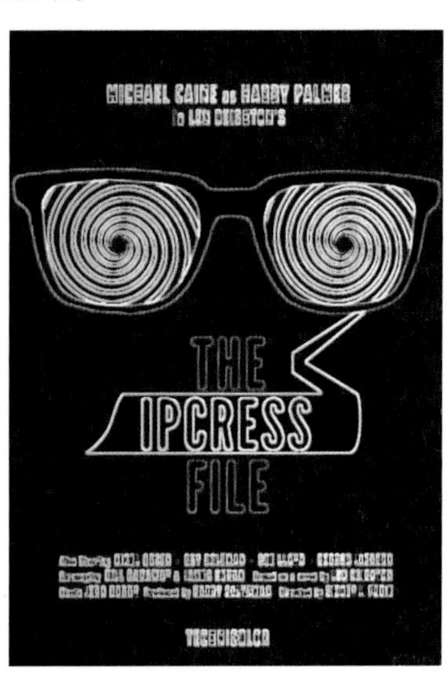

图 8–71　使用照亮边缘滤镜的效果

2. 画笔描边滤镜组

画笔描边滤镜组中的一部分滤镜可以通过不同的油墨和画笔勾画图像产生绘画效果，一部分滤镜可以添加颗粒、绘画、杂色、边缘细节或纹理。

注意：这些滤镜不能用于 Lab 颜色模式和 CMYK 颜色模式的图像。

画笔描边滤镜组在滤镜库中，单击“滤镜”→“滤镜库”命令，打开滤镜库，单击中间栏的“画笔描边”前的小三角形，展开，共有图 8-72 所示的几种形式。

图 8-72　画笔描边滤镜组

1）成角的线条滤镜

成角的线条滤镜可以模拟在画布上用油画颜料画出的交叉斜线纹理效果，如图 8-73 所示。

图 8-73　参数调整和最终效果（成角的线条）

方向平衡：设置生成线条的倾斜角度。取值范围为 0～100。当值为 0 时，线条从左上方向右下方倾斜；当值为 100 时，线条从右上方向左下方倾斜；当值为 50 时，两个方向的线条数量相等。

描边长度：设置生成线条的长度。值越大，线条的长度越长。

锐化程度：设置生成线条的清晰程度。值越大，笔画越明显。

2）墨水轮廓滤镜

墨水轮廓滤镜以笔画的风格，用精细的细线在原来的细节上重绘图像，如图 8-74 所示。

图 8–74 参数调整和最终效果（墨水轮廓）

描边长度：设置图像中生成的线条的长度。

深色强度：设置线条阴影的强度，值越高，线条颜色越暗。

光照强度：设置线条高光的强度，值越高，图像越亮。

3）喷溅滤镜

喷溅滤镜可以模拟喷枪，使图像产生笔墨喷溅的艺术效果，如图 8–75 所示。

图 8–75 参数调整和最终效果（喷溅）

喷色半径：设置喷溅的尺寸范围。当该参数值比较大时，图像将产生碎化严重的效果。

平滑度：设置喷溅效果的平滑程度。值越小，将产生许多小彩点的效果；较大的数值，适合制作图像水中倒影的效果。

4）喷色描边滤镜

喷色描边滤镜可以模拟指定方向的笔尖用成角的或喷溅的颜色线条重新绘制图像，如图 8–76 所示。

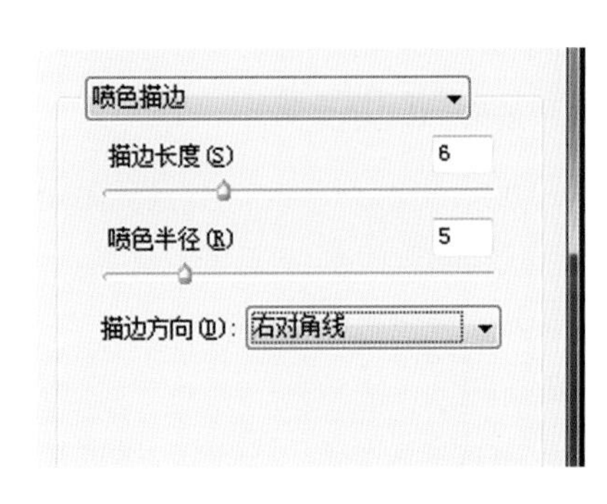

图 8–76 参数调整和最终效果（喷色描边）

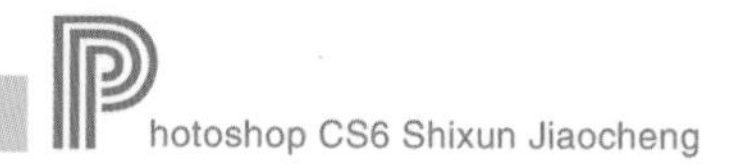

描边长度：设置图像中笔尖的长度。

喷色半径：设置图像颜色喷洒的范围。

描边方向：设置描边的方向，包括右对角线、水平、左对角线和垂直等 4 个选项。

5）强化的边缘滤镜

强化的边缘滤镜可以对图像中不同颜色之间的边缘进行强化处理，如图 8–77 所示。

图 8–77　参数调整和最终效果（强化的边缘）

边缘宽度：设置强化的边缘的宽度。该值越大，边缘的宽度就越大。

边缘亮度：设置强化的边缘的亮度。该值越大，边缘的亮度也就越大，此时强化效果类似白色粉笔；该值越小，边缘的亮度也就越小，此时强化效果类似黑色油墨。

平滑度：设置边缘的平滑程度，该值越大，边缘的数量就越少，边缘就越平滑。

6）深色线条滤镜

深色线条滤镜可以用短而黑的线条绘制图像中的深色区域，用长而白的线条绘制图像中的浅色区域，以产生强烈的对比效果，如图 8–78 所示。

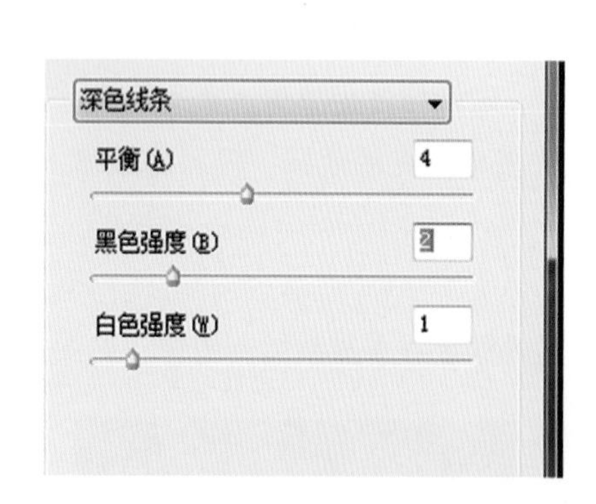

图 8–78　参数调整和最终效果（深色线条）

平衡：设置线条的方向。参数同成角的线条滤镜。

黑色强度：设置图像中黑色线条的颜色深度。值越大，绘制暗区时的线条颜色越黑。

白色强度：设置图像中白色线条的颜色显示强度。值越大，浅色区变得越亮。

7）烟灰墨滤镜

烟灰墨滤镜能够在图像上产生一种类似蘸满黑色油墨的湿画笔在宣纸上绘画，进而出现柔和的模糊边缘的效果，如图 8–79 所示。

图 8-79 参数调整和最终效果（烟灰墨）

描边宽度：设置画笔的宽度。值越小，线条越细，图像越清晰。

描边压力：设置画笔在绘画时的压力。压力越大，图像中产生的黑色就越多。

对比度：设置图像中亮区与暗区之间的对比度。值越大，图像中的浅色区域越亮。

8）阴影线滤镜

阴影线滤镜可以使图像产生用交叉网格线描绘或雕刻的网状阴影效果，可以使图像中彩色区域的边缘变得粗糙，并能够保留原图像的细节和特征，效果如图 8-80 所示。

图 8-80 参数调整和最终效果（阴影线）

描边长度：设置图像中描边线条的长度。值越大，描边线条就越长。

锐化程度：设置描边线条的清晰程度。值越大，描边线条越清晰。

强度：设置生成阴影线的数量。值越大，阴影线的数量也越多。

Photoshop CS6 滤镜库中除了以上几种类型以外，还有扭曲、素描、纹理、艺术效果等滤镜组，不同的滤镜组可以做出不同的艺术效果。

8.12 特殊滤镜

1. 油画滤镜

油画滤镜是 Photoshop CS6 新增的滤镜形式，它可以制作出逼真的油画效果。执行“滤镜”→“油画”命令，打开“油画”对话框，参数如图 8-81 所示。

图 8-81　油画滤镜的参数

样式化：用于控制油画纹理的圆滑程度。数值越大，纹理越平滑。

清洁度：用于控制油画表面的干净程度，数值越大，画面越干净；反之，则画面中的黑色变得越浓，整体显得笔触较重。

缩放：用于控制油画纹理的缩放比例。

硬毛刷细节：用于控制笔触的轻重。数值越小，纹理的立体感就越小。

角方向：用于控制光照的方向。

闪亮：用于控制光照的强度，数值越大，光照的强度越强，立体感越强。

图 8-82 所示为使用油画滤镜的效果。

图 8-82　原图和使用油画滤镜的效果

2. 自适应广角滤镜

在 Photoshop CS6 的滤镜菜单中，添加了一个全新的“自适应广角”命令。该命令可以在使用 Photoshop CS6 处理广角镜头拍摄的照片时，对镜头产生的变形进行处理，得到一张完全没有变形的照片。

执行“滤镜”→“自适应广角”命令，打开“自适应广角”对话框。

在该对话框中对变形位置通过锚点的添加和修改进行校正，如图 8-83 所示。

图 8-83 “自适应广角”对话框

校正：提供多种类型，有“鱼眼”“透视”“自动”“完整球面”四个选项，选择不同的选项时，下面的参数也不同。

缩放：用于控制当前图像的大小。当校正透视后，会在图像周围形成不同大小范围的透视区域，这时就可以通过“缩放”裁掉。

焦距：此参数可以设置当前照片在拍摄时所用的镜头焦距。

裁剪因子：调整裁剪的范围。

在左侧的工具栏，可以使用约束工具 和多边形约束工具 进行变形区域的调整。前者针对水平和垂直线条的变形进行校正，后者可以绘制多边形约束线条进行校正。

校正后的效果如图 8-84 所示。

(a)原图

(b)自动校正后的效果

(c)裁剪后的效果

图 8-84 使用自适应广角滤镜的效果

8.13 应用滤镜制作实例——贝壳的简单制作

制作的最终效果如图 8–85 所示。

图 8–85　贝壳制作的最终效果

（1）执行“文件”→“新建”菜单命令，建立宽度为 10 厘米、高度为 10 厘米、分辨率为 300 像素 / 英寸、背景色为白色的画布。

（2）新建图层 1，用矩形选框工具绘制出图 8–86 所示的竖条选区。

（3）按下【Alt+Delete】键，填充前景色为图 8–87 所示颜色。

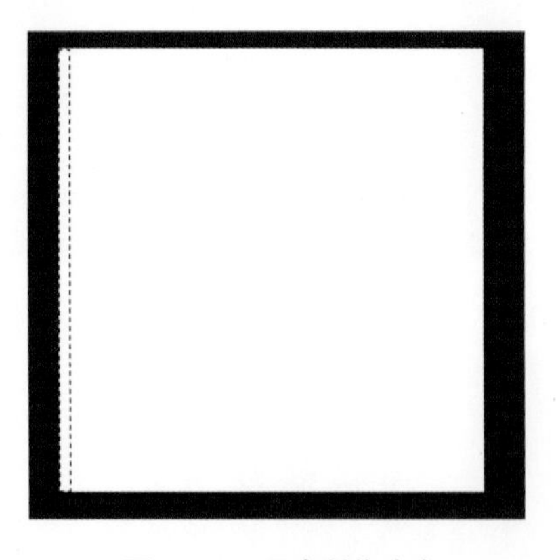

图 8–86　贝壳制作 (1)

图 8–87　贝壳制作 (2)

（4）选中蓝色选区，按住【Alt】键复制一个新的图层到图片的最右侧；然后选中最左侧的蓝色竖条，按住【Ctrl+Alt】键和右箭头键，单击【Enter】键 22 次，复制 22 个图层；选中所有的蓝色竖条图层，在工具栏中单击“按左分布”填满画布，如图 8–88 所示。

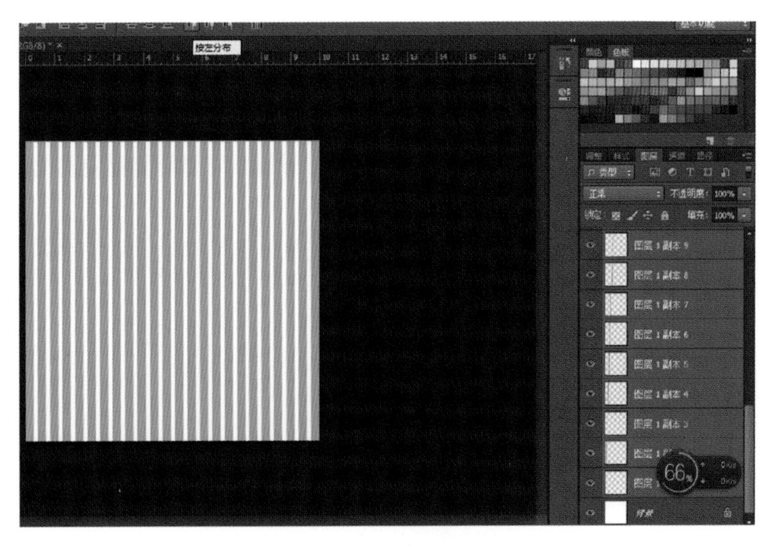

图 8–88　贝壳制作（3）

（5）按住【Shift】键，用椭圆选框工具绘制一个正圆形，如图 8–89 所示。

（6）在菜单栏中选择“滤镜”→“扭曲”→“球面化”命令，数量值设为 100%，效果如图 8–90 所示。

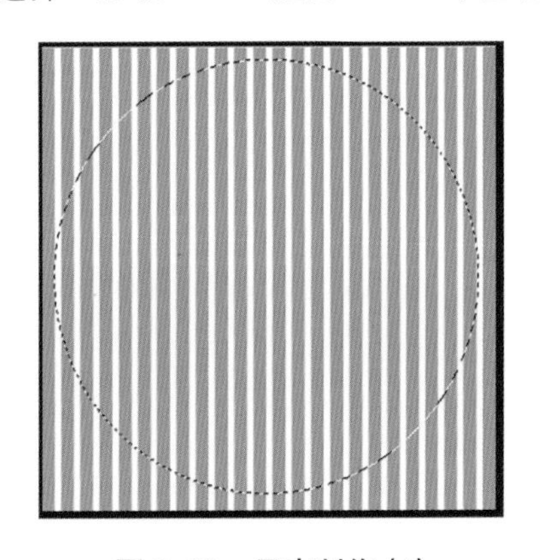

图 8–89　贝壳制作（4）

图 8–90　贝壳制作（5）

（7）选择菜单“选择”→“反选”或按【Ctrl+Shift+I】组合键命令，按【Delete】键删除多余部分，得到图 8–91 所示效果。将该图层命名为图层一。

（8）复制图层一，得到图层一副本，将副本前的小眼睛关闭，暂时不用此图层。

用自由变换命令【Shift+T】对图层一进行缩小操作，并放置在画布中心。接着在变形框上单击右键，在弹出的菜单中选择“透视”命令，对其操作。具体做法：在选框上部的两个控制点中任选一点向外拉，下部的两个控制点中任选一点向内拉，直至重叠，得到图 8–92 所示效果。

图 8–91　贝壳制作（6）

图 8–92　贝壳制作（7）

（9）继续对图层一进行操作。

选择菜单“滤镜”→“液化”，弹出“液化”对话框，选择左侧的褶皱工具，画笔大小设成 250，画笔压力设成 50，在扇形底部单击 5～6 次，使其具有收缩效果，如图 8-93 所示。

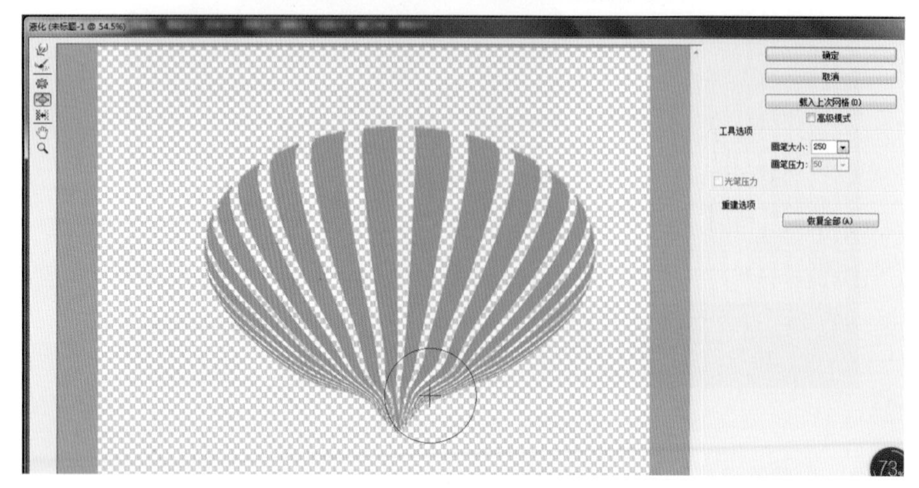

图 8-93　贝壳制作 (8)

（10）新建图层二，将其放置在图层一的下面。选择钢笔工具，沿着贝壳外沿进行描边绘制路径，如图 8-94 所示。

（11）将该扇形路径转换成选区，并填充颜色，如图 8-95 所示。

图 8-94　贝壳制作 (9)

图 8-95　贝壳制作 (10)

（12）将图层一应用图层样式“投影”，不透明度设置为 53%，角度设置为 148 度，距离 12 像素，扩展 4%，大小 16 像素，其余设置不变，效果如图 8-96 所示。

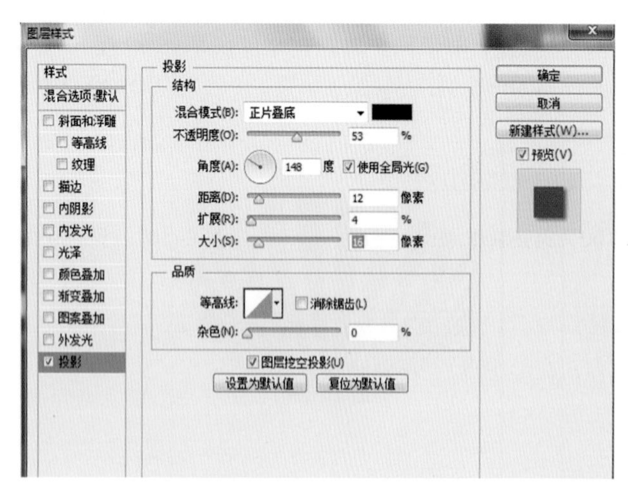

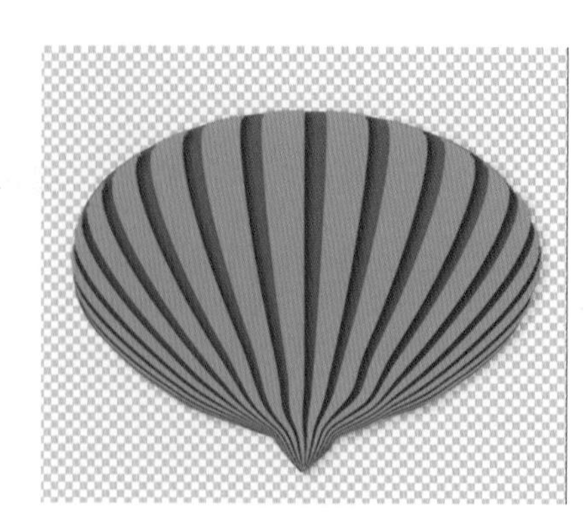

图 8-96　贝壳制作 (11)

（13）将图层一与图层二进行合并操作，合并为图层一。

（14）新建图层二，填充白色，应用图层样式“渐变叠加”，将渐变编辑器设置成透明条纹，并将颜色改为图 8-97 所示颜色，将样式设置为“径向”，其余不变，填充图层得到同心圆，效果如图 8-98 所示。

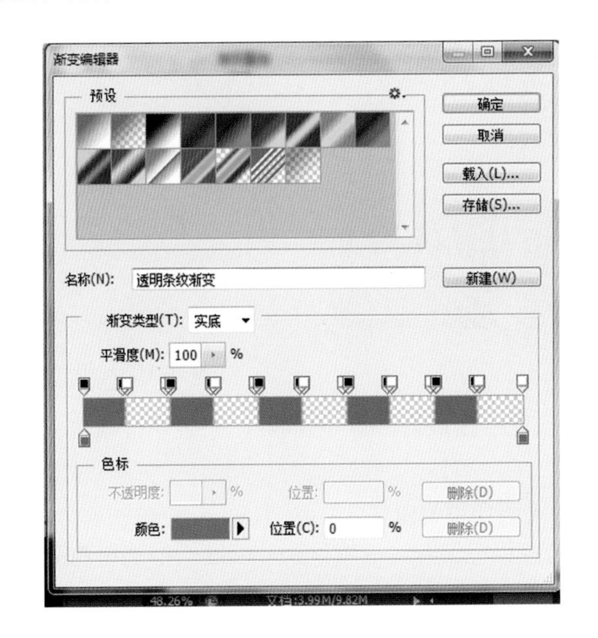

图 8-97　贝壳制作（12）

图 8-98　贝壳制作（13）

新建图层三，与图层二链接后合并，使图层二变为普通图层。

（15）将同心圆最里层的白圈填充颜色，效果如图 8-99 所示。

（16）选中图层二，使用自由变换工具将其压成椭圆形，放置在贝壳下端，如图 8-100 所示。

（17）将图层二放至合适位置，保持当前图层为图层二，按住【Ctrl】键不放，用鼠标左键在图层面板上单击图层一，在菜单栏上单击“选择”→“反选”命令，按【Delete】键删除多余部分，得到图 8-101 所示效果。

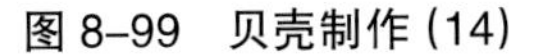

图 8-99　贝壳制作（14）

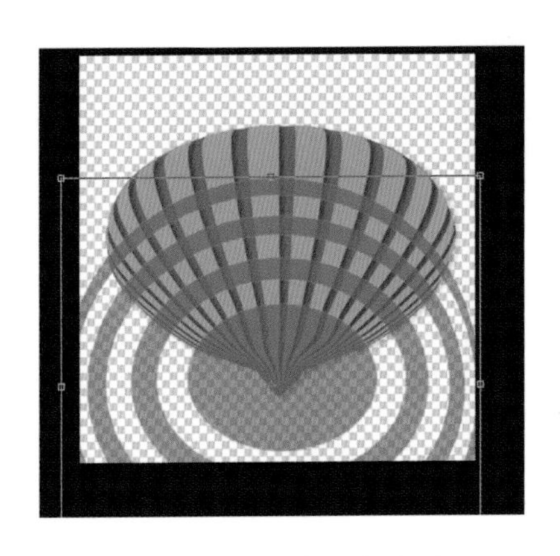

图 8-100　贝壳制作（15）

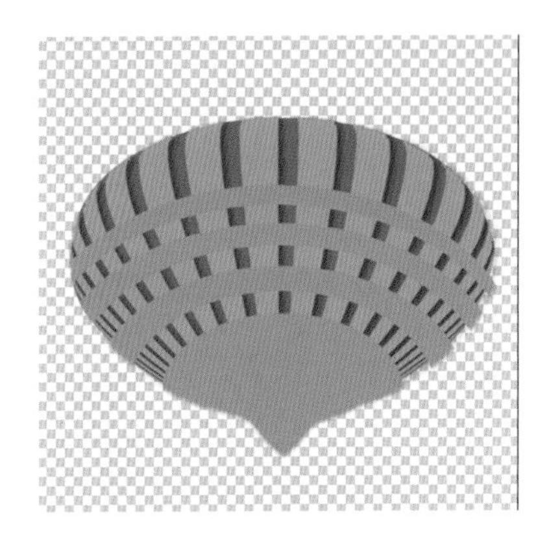

图 8-101　贝壳制作（16）

（18）选中图层二，选择菜单“滤镜”→“纹理”→“纹理化”命令，在弹出的对话框中选择“砂岩”效果，缩放 126%，凸现 12，参数如图 8-102 所示，效果如图 8-103 所示。

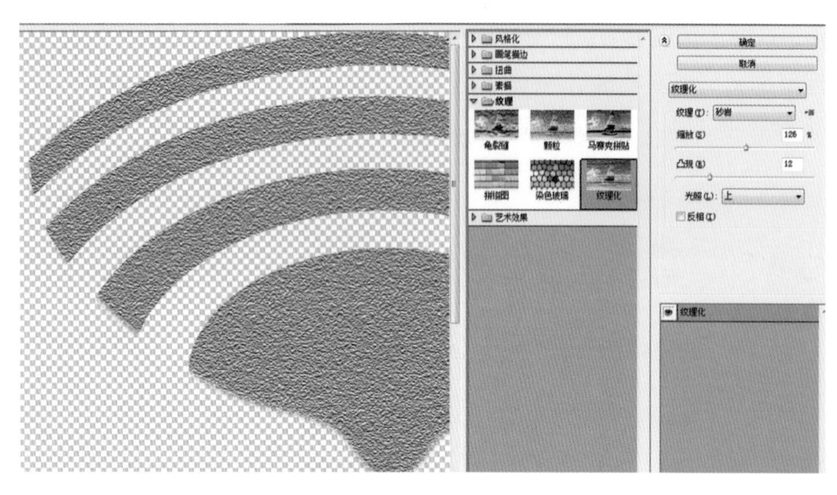

图 8-102　贝壳制作 (17)

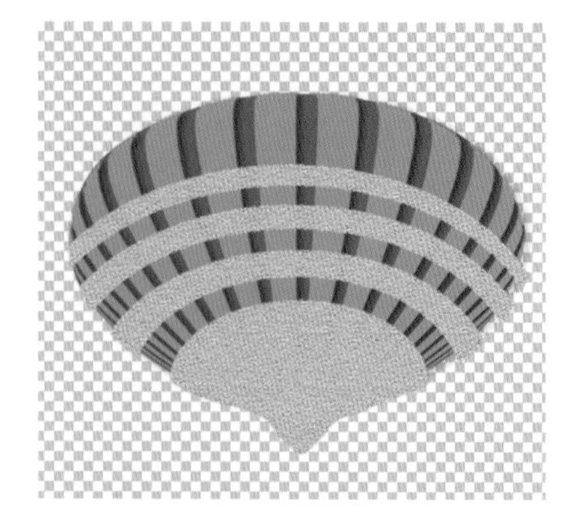

图 8-103　贝壳制作 (18)

（19）继续对图层二进行操作，在图层面板上修改混合模式为“正片叠底”，不透明度设为 58%，效果如图 8-104 所示。

（20）合并图层一和图层二，用多边形选择工具在贝壳边沿勾出齿状，按【Delete】键删除多余部分，效果如图 8-105 所示。

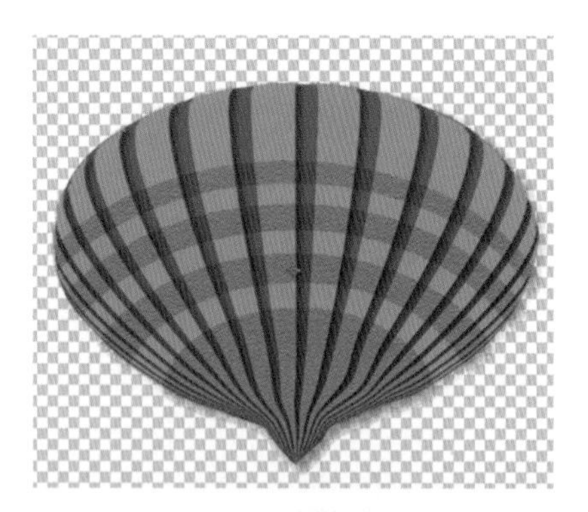

图 8-104　贝壳制作 (19)

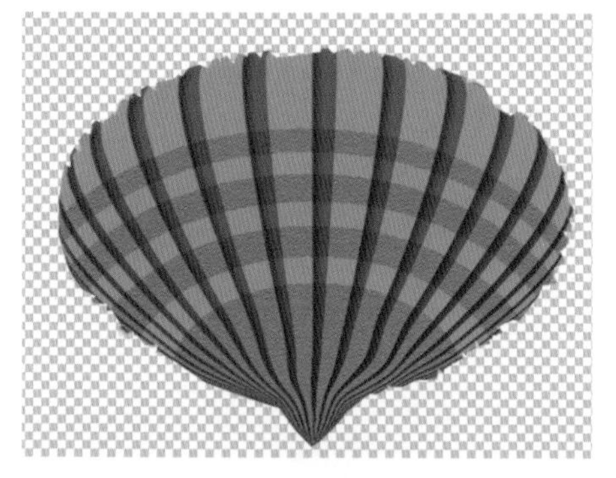

图 8-105　贝壳制作 (20)

（21）打开隐藏的图层一副本，放置于最底层，使用自由变换工具将其压成椭圆形，应用图层样式“投影”，不透明度设置为 53%，角度设置为 148 度，距离 12 像素，扩展 4%，大小 16 像素，其余设置不变，参数如图 8-106 所示，最终效果如图 8-107 所示。

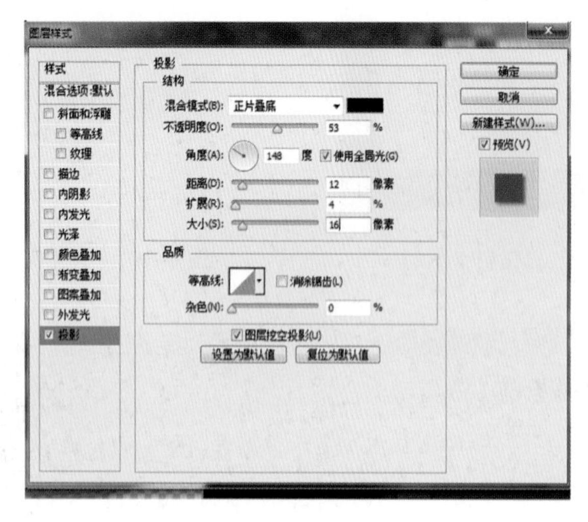

图 8-106　贝壳制作 (21)

图 8-107　贝壳制作 (22)

（22）用多边形选择工具切出贝壳下部的棱角，按【Delete】键删除多余部分，效果如图 8-108 所示。

（23）合并所有图层，对贝壳边缘和底部使用模糊工具进行操作，大小为 50，强度为 45%，效果如图 8-109 所示。

图 8-108　贝壳制作（23）

图 8-109　贝壳制作（24）

（24）使用橡皮擦工具继续对贝壳边缘进行操作，大小为 56，不透明度为 50%，将贝壳擦出半透明效果；用大小为 40、曝光度为 46% 的减淡工具，对贝壳底部凸出的部分进行减淡效果处理，如图 8-110 所示。

（25）对贝壳底部与扇面部用大小为 250、曝光度为 25% 的加深工具进行加深，得到最终效果，如图 8-111 所示。

图 8-110　贝壳制作（25）

图 8-111　贝壳制作（26）

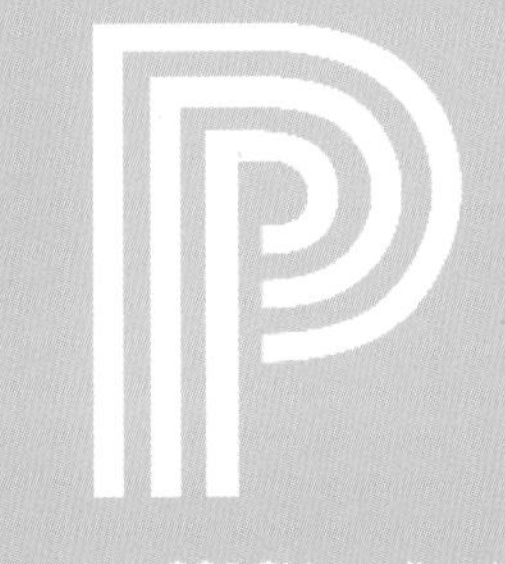

第九章

实例应用

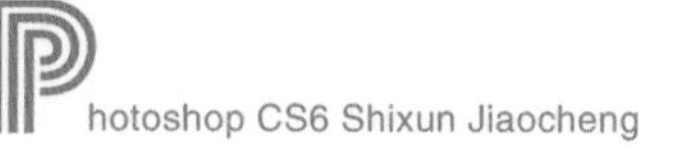

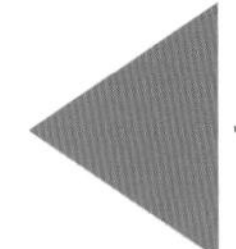

9.1 矢量标志制作

本节将通过制作天津轻工职业技术学院的校标，来更好地掌握矢量图形编辑工具的使用方法。校标的最终效果如图 9–1 所示。

9.1.1 设定图幅与背景

(1) 执行“文件”→“新建”菜单命令，建立图 9–2 所示的图幅。

图 9–1　校标的最终效果

图 9–2　校标制作（1）

(2) 执行“编辑”→“首选项”→“单位与标尺”命令和“参考线、网格和切片”命令，如图 9–3 所示设定。

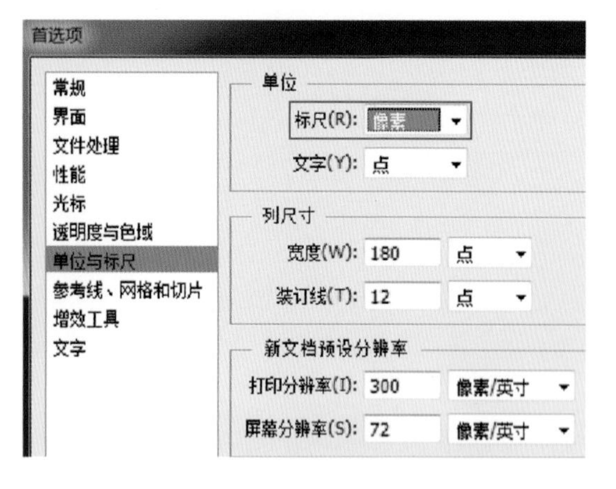

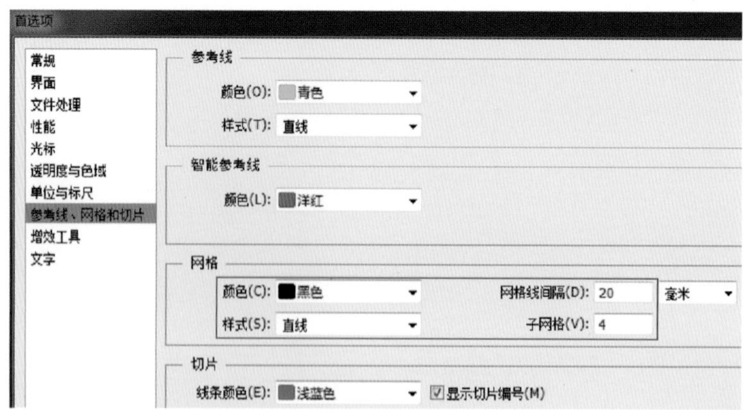

图 9–3　校标制作（2）

(3) 执行“视图”菜单→“显示额外内容”命令，选择“显示”→“网格”命令，效果如图 9–4 所示。

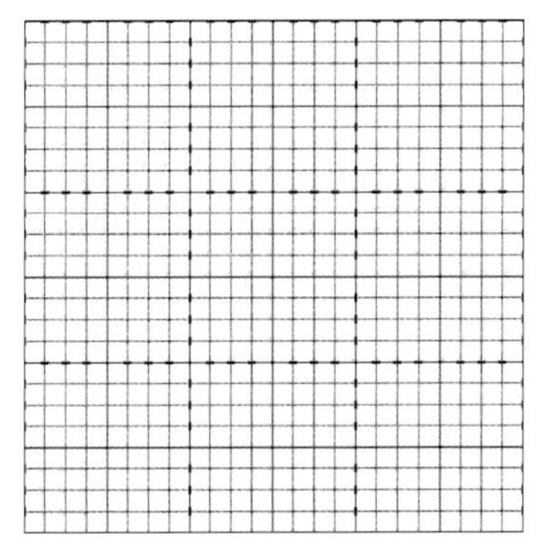

图 9–4　校标制作（3）

（4）执行“视图”→“标尺”命令，将标尺显示出来，在标尺上按住鼠标左键拖动参考线到网格指定位置。

9.1.2　制作标志外部图形

（1）如图 9–5 所示，使用 工具在参考线内创建出圆形，在工具栏中设置“填充”项为 ，宽和高均为 945 像素。使用 工具移动圆形对齐到参考线。

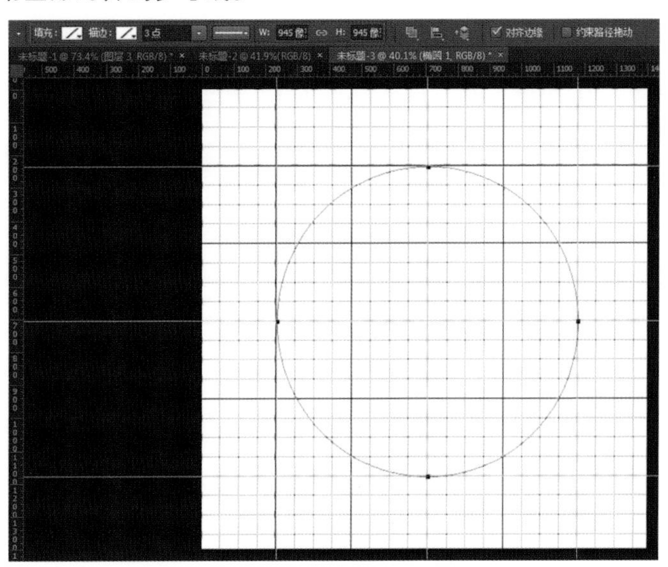

图 9–5　校标制作（4）

（2）如图 9–6 所示，选择 工具，在工具栏中选择 模式，创建出矩形并通过 工具选择矩形后单击鼠标右键，在弹出的菜单中选择“自由变换路径”命令进行修改。

（3）用 工具选择矩形后单击鼠标右键，在弹出的菜单中选择“自由变换路径”，按住【Alt】键在辅助线中心单击，将矩形中心轴移动到图 9–7 所示位置。

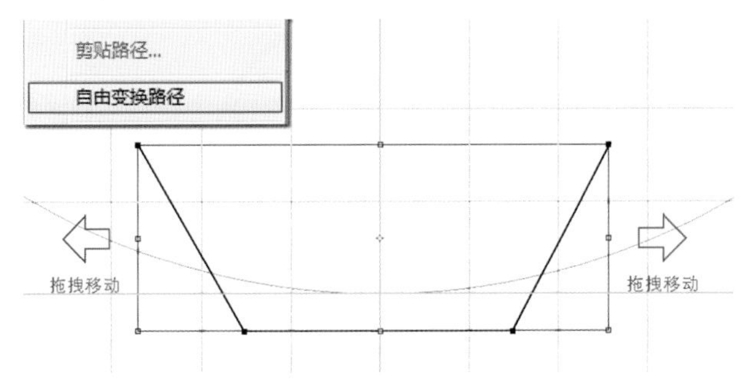

图 9–6　校标制作（5）

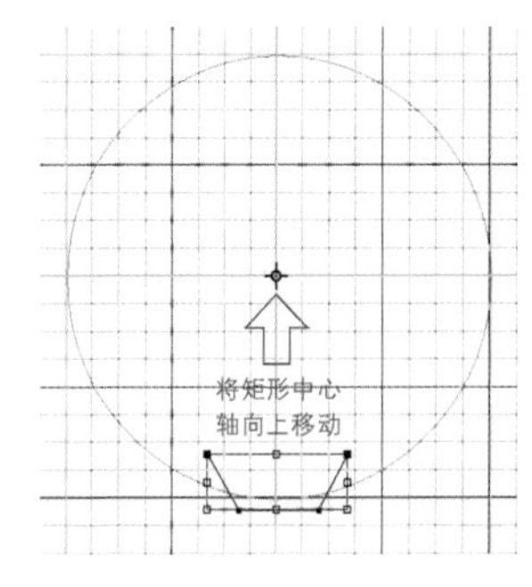

图 9–7　校标制作（6）

（4）如图 9-8 所示，在工具栏旋转项中设置 45 度，按【Enter】键两次。同时按住【Shift+Ctrl+Alt+T】键，完成第一次旋转复制，重复执行此复制命令。

（5）如图 9-9 所示，用 工具选择不要的图形将其删除，框选所有的图形，使用工具栏中的 工具进行图形合并。

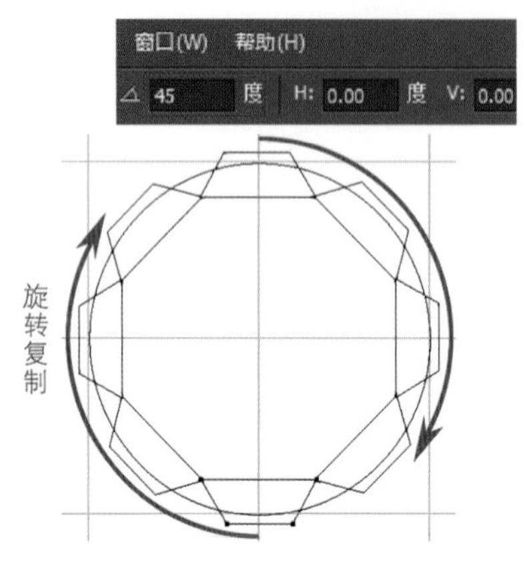

图 9-8 校标制作 (7)

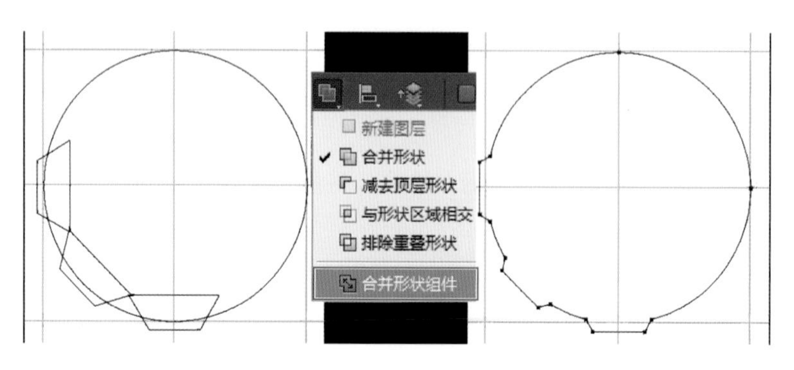

图 9-9 校标制作 (8)

（6）如图 9-10 所示，在图层面板中复制矢量图层，为后面的编辑保留一个副本。

（7）切换回“椭圆 1”图层，选择 工具，在其工具栏中设置“描边”，如图 9-11 所示。

图 9-10 校标制作 (9)

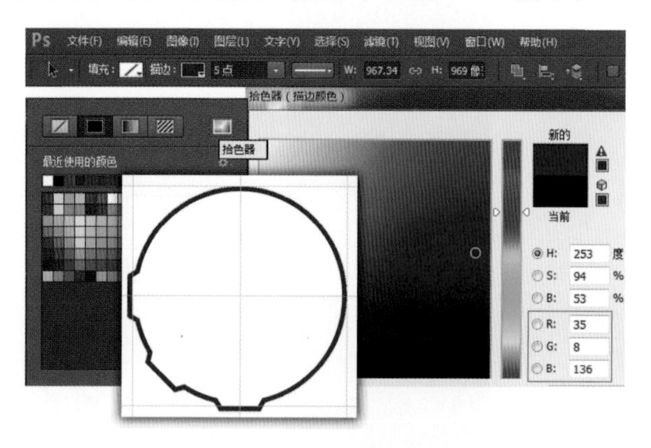

图 9-11 校标制作 (10)

（8）切换到“椭圆 1 副本”图层，选择 工具，单击鼠标右键，在弹出的菜单中选择“自由变换路径”命令，在工具栏中进行缩放设置。设置“描边”，使用 工具对锚点进行相应的调整，如图 9-12 所示。

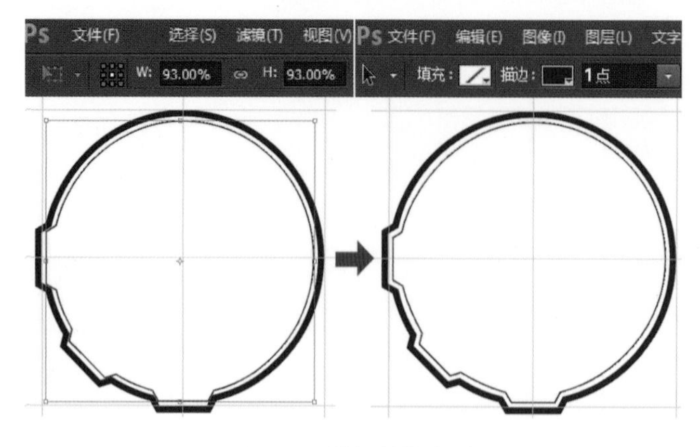

图 9-12 校标制作 (11)

9.1.3 制作标志中部图形

（1）使用工具绘制圆形，使用工具选择并应用“自由变换路径”命令，在工具栏中进行相应设置，移动对齐到辅助线中部，如图 9–13 所示。

（2）使用工具在圆形上添加两个锚点。使用工具将底部中间的锚点向下移动，使用工具进行相应的调整，效果如图 9–14 所示。

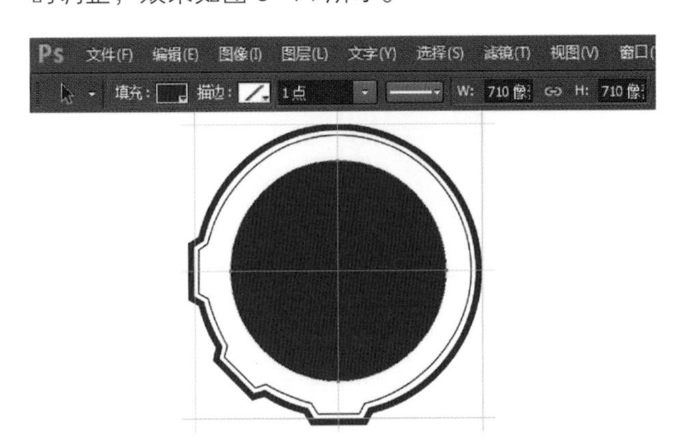

图 9–13 校标制作（12）

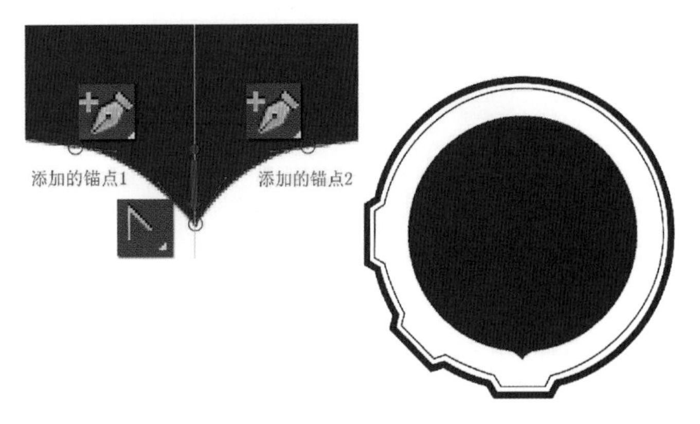

图 9–14 校标制作（13）

（3）如图 9–15 所示，在图层面板中将“椭圆 2”图层进行复制，为后面的编辑保留一个副本。

（4）如图 9–16 所示，选择“椭圆 2 副本” 图层，选择工具，单击鼠标右键，在弹出的菜单中选择“自由变换路径”命令，在工具栏中进行缩放和描边设置。

图 9–15 校标制作（14）

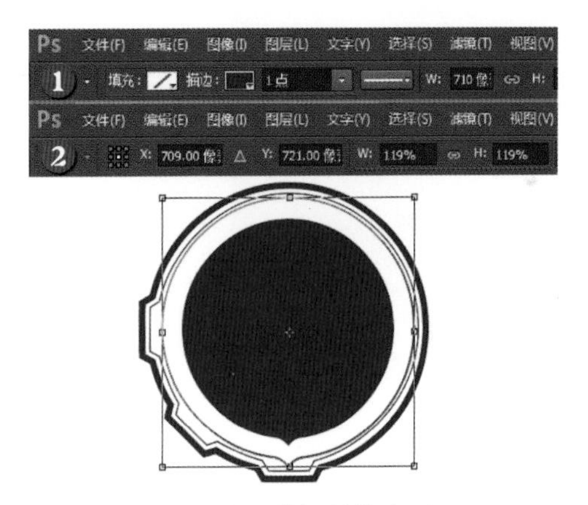

图 9–16 校标制作（15）

（5）如图 9–17 所示，使用工具在“椭圆 2 副本”相应位置上添加 4 个锚点。

（6）使用工具选择并删除上部的线段，使用工具选择相应的锚点移动调整，如图 9–18 所示。

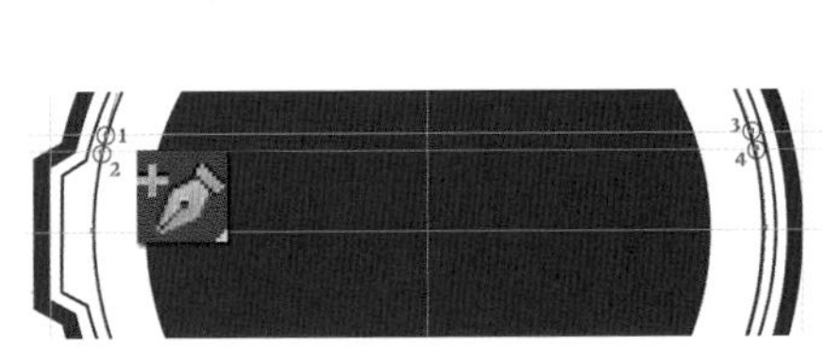

图 9–17 校标制作（16）

图 9–18 校标制作（17）

（7）如图 9–19 所示，在图层面板中对“椭圆 2 副本”图层进行复制，为后面的编辑保留一个副本。

（8）处在“椭圆 2 副本 2” 图层，选择工具，单击鼠标右键，在弹出的菜单中选择“自由变换路径”命令，在工具栏中进行缩放设置。如图 9–20 所示，用工具对锚点进行移动调整。

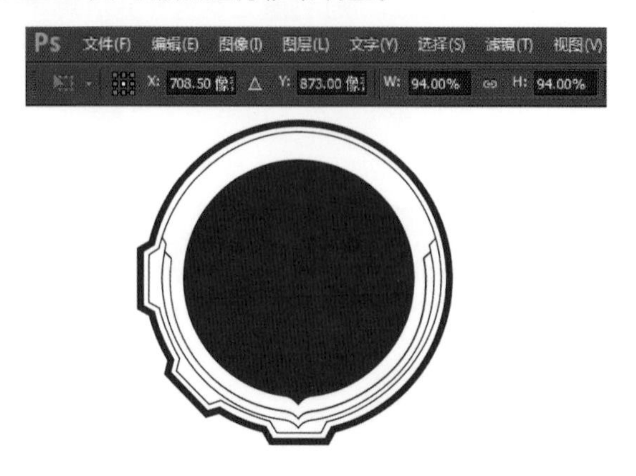

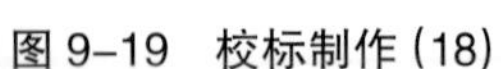

图 9–19　校标制作（18）　　图 9–20　校标制作（19）

（9）如图 9–21 所示，在图层面板中将“椭圆 2 副本 2”图层进行复制，为后面的编辑保留一个副本。

（10）选择“椭圆 2 副本 3” 图层，选择工具，单击鼠标右键，在弹出的菜单中选择“自由变换路径”命令，在工具栏中进行缩放设置。如图 9–22 所示，用工具对锚点进行移动调整。

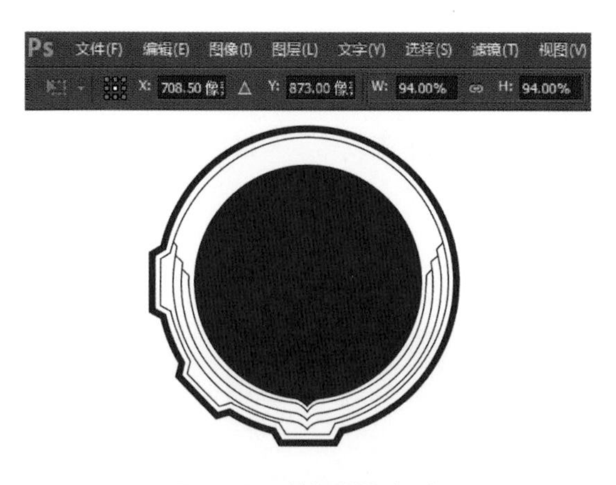

图 9–21　校标制作（20）　　图 9–22　校标制作（21）

9.1.4　制作标志内部图形

（1）如图 9–23 所示，设置辅助线，使用工具绘制三角形。

（2）选择“形状 1” 图层，选择工具，在其工具栏中进行图 9–24 所示设置。

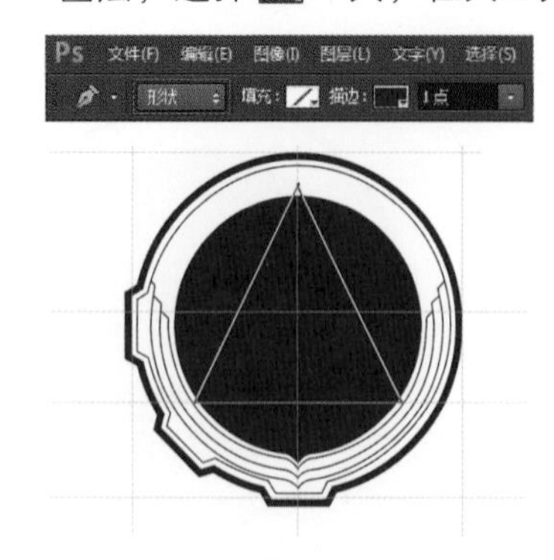

图 9–23　校标制作（22）　　图 9–24　校标制作（23）

（3）使用▇工具，在其工具栏中设置绘制模式为▇。绘制一矩形，调整大小后移动到中轴辅助线位置，效果如图 9–25 所示。

（4）利用▇工具选择刚绘制的矩形，在工具栏中应用▇，效果如图 9–26 所示。

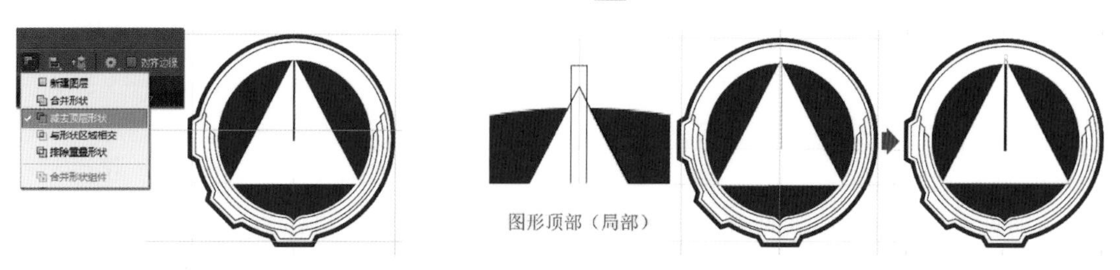

图 9–25　校标制作 (24)　　　图 9–26　校标制作 (25)

（5）利用▇工具选择刚绘制的矩形，按【Alt】键进行多次复制，再使用“自由变换路径”命令进行编辑、缩放、移动到适当的位置，效果如图 9–27 所示。

（6）使用▇工具，在其工具栏中设置绘制模式为▇。在三角形上部绘制图 9–28 所示的图形，再通过“自由变换路径”命令编辑、缩放、移动到适当的位置。

图 9–27　校标制作 (26)　　　图 9–28　校标制作 (27)

9.1.5　文字的输入与处理

（1）将“椭圆 2”图层复制，选择“椭圆 2 副本 4”，使用▇工具在图 9–29 所示位置输入文字“天津轻工职业技术学院”，在文字浮动面板中进行相应的设置。

图 9–29　校标制作 (28)

注意：默认情况下，Photoshop 中使用的文字样式为系统预装的基本样式，本例使用的“创艺简隶书”字体需要单独安装相应的字体库文件，可在相关网络平台上下载并安装。

（2）使用 T 工具在图 9–30 所示的位置输入文字“TIANJIN LIGHT INDUSTRY VOCATIONAL TECHNICAL COLLEGE”，选择适当的字体并调整字号大小。合并图层并保存为“校标.jpeg”格式，完成效果如图 9–30 所示。

图 9–30　校标制作(29)

9.2 效果图后期修改

（1）单击“文件”→“打开”命令，打开起居室.jpg 文件和起居室选区.jpg 文件，如图 9–31 所示。

图 9–31　效果图后期修改 (1)

注意：该通道文件是在效果图渲染阶段，通过加载材质通道生成程序并进行相应运算后渲染得到的。

（2）按住【Shift】键，把起居室选区图像拖入到卧室图像中。

（3）将该图层命名为“通道”，然后将该图层隐藏。

（4）回到背景图层，将背景图层复制一层。

（5）单击菜单“图像”→“调整”→“曲线”命令，设置参数。再单击“图像”→“调整”→“亮度 / 对比度”命令，设置亮度为 7，对比度为 25。

（6）显示通道图层，选择魔棒工具，将沙发部分选择，隐藏通道图层，回到背景副本图层，按【Ctrl+J】键，将选区内容复制一层，将该图层命名为沙发，单击“图像”→“调整”→“色彩平衡”命令，设置参数，如图 9–32 所示。

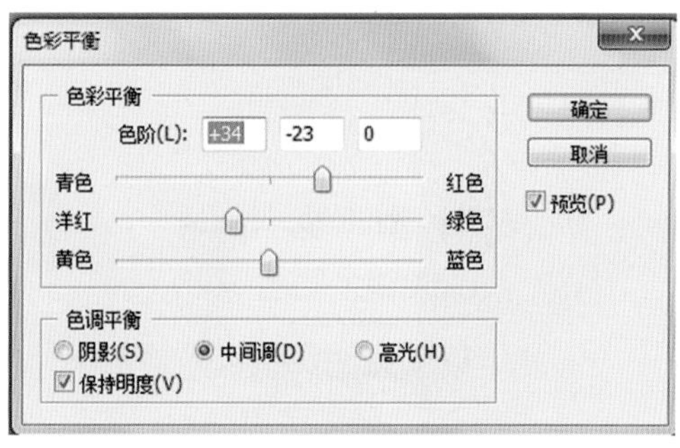

图 9–32 效果图后期修改 (2)

（7）将窗帘复制为一个单独的图层，单击“图像”→“调整”→“色相 / 饱和度”命令，设置参数，如图 9–33 所示。

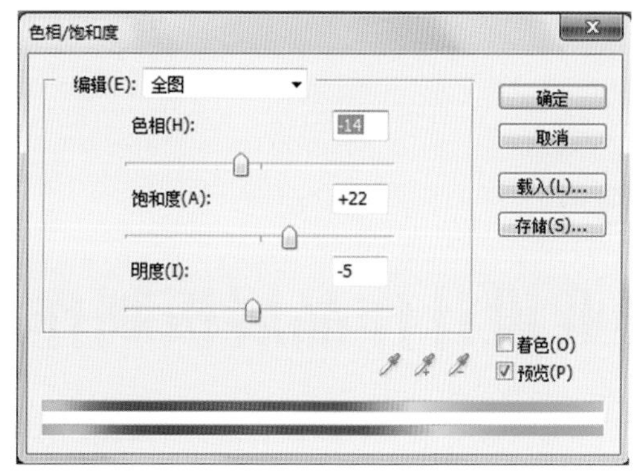

图 9–33 效果图后期修改 (3)

（8）将窗外景物部分复制为一个单独的图层，命名为窗外景物，单击“滤镜”→“模糊”→“高斯模糊”命令，设置半径参数为 1.0 像素。

（9）单击“文件”→“打开”命令，打开筒灯.jpg 文件，运用魔棒工具，将筒灯选择出来，再运用移动工具将筒灯拖动到场景中，关闭该图像，按【Ctrl+T】键弹出自由变换框，调整图像的大小和位置，调整合适后，按回车键确认。复制多个筒灯，运用移动和缩放工具将其调整到合适的大小和位置。

（10）将植物复制为一个单独的图层，单击菜单“图像”→“调整”→“色彩平衡”命令，设置参数，如图 9–34 所示。

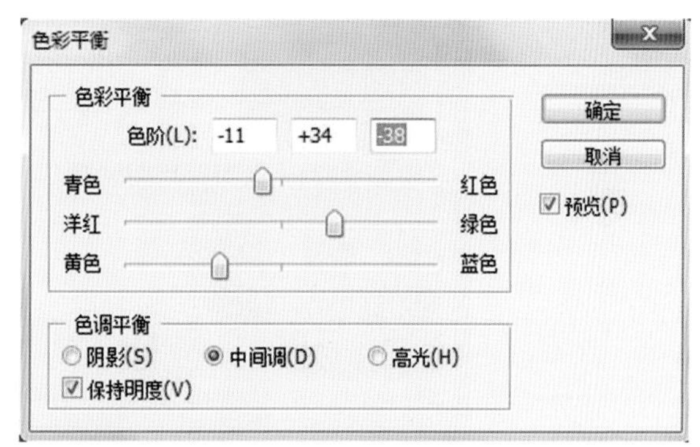

图 9–34 效果图后期修改 (4)

（11）使用图案图章工具对影视墙上的灯光进行修整。

（12）将背景副本图层设置为当前图层，将以上图层合并为一个图层，单击“滤镜”→“锐化”→“锐化”命令，设置该图层的不透明度为 70%。

（13）合并除背景图层以外的图层，单击“图像”→“调整”→“照片滤镜”命令，选择“冷却滤镜（80）”选项，单击“确定”按钮，将不透明度调整为 70%，从而得到图像的最终效果，如图 9–35 所示。

图 9–35　效果图后期修改 (5)

9.3 毕业设计作品展板制作

本节将通过毕业设计作品展板的制作，掌握图像设计排版的方法，熟练地综合运用各种图形、图像编辑命令。最终效果如图 9–36 所示。

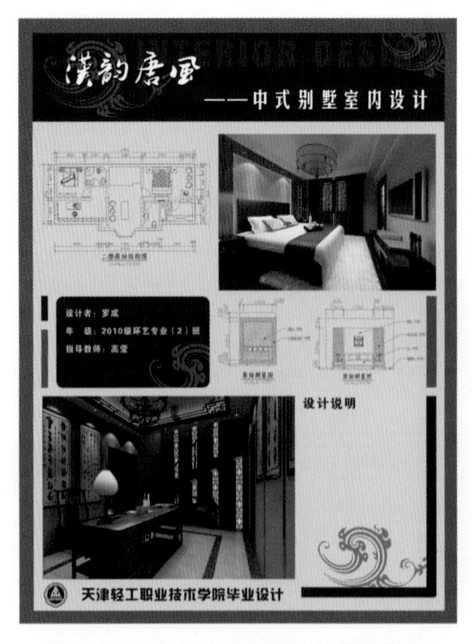

图 9–36　毕业设计作品展板最终效果

9.3.1 设定图幅与排版设计

（1）执行“文件”→“新建”命令，建立图 9–37 所示的图幅。

（2）根据“毕业设计展板”的相关内容要求，结合个人设计作品的类型与风格对版面的布局划分进行构思设计，预想版面规划构想如图 9–38 所示。

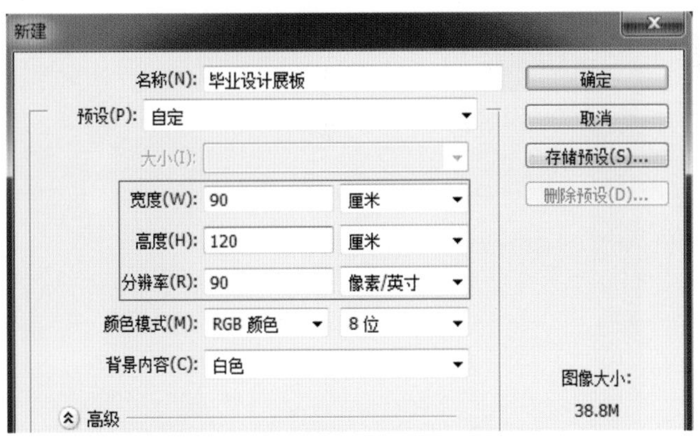

图 9–37 毕业设计作品展板制作（1）

图 9–38 毕业设计作品展板制作（2）

注意：“毕业设计展板”的相关内容要求包括设计图片的内容、数量、分辨率和标题文字与内容说明等。

（3）如图 9–39 所示，根据版面规划构想设置参考线到相应位置。

注意：参考线仅为图片与文字排版的对位参考，可根据个人具体需要灵活设置，也可以省略此步骤直接开始排版。

（4）如图 9–40 所示，使用 设置前景色并填充背景图层。

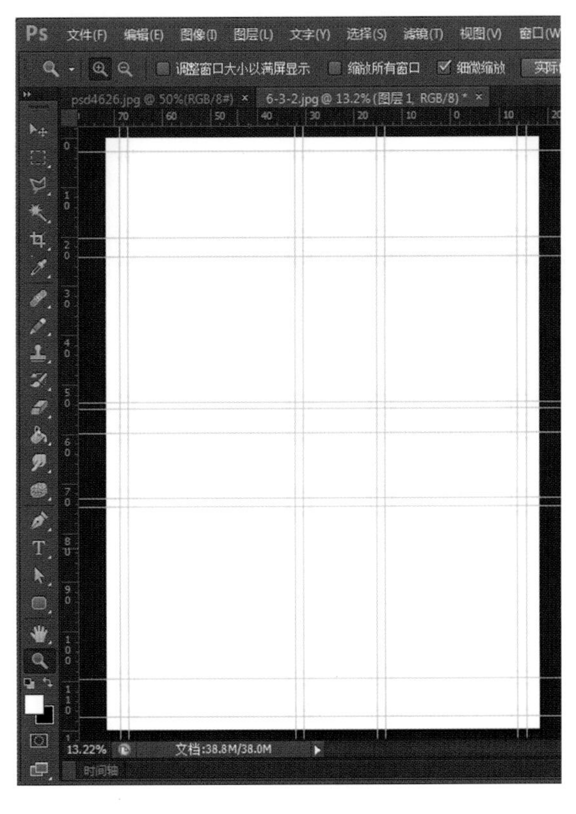

图 9–39 毕业设计作品展板制作（3）

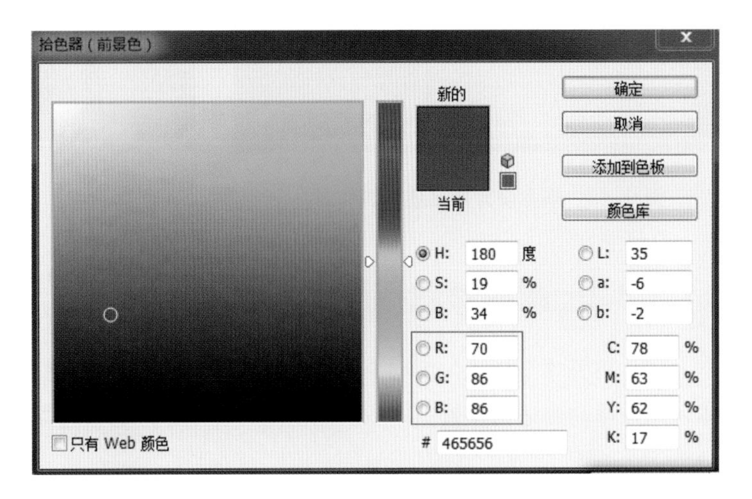

图 9–40 毕业设计作品展板制作（4）

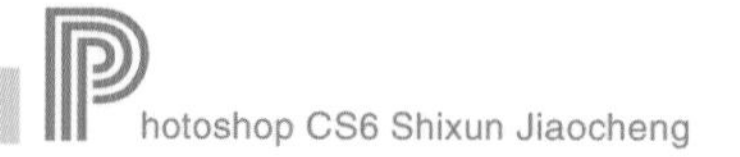

（5）如图 9–41 所示，新建“图层 1”，使用工具，借助辅助线，框选出相应区域，用设置前景色为 R：223、G：225、B：185 并填充该区域。

（6）如图 9–42 所示，新建“图层 2”，使用工具，借助辅助线，框选出相应区域，用设置前景色为 R：56、G：9、B：19 并填充该区域。

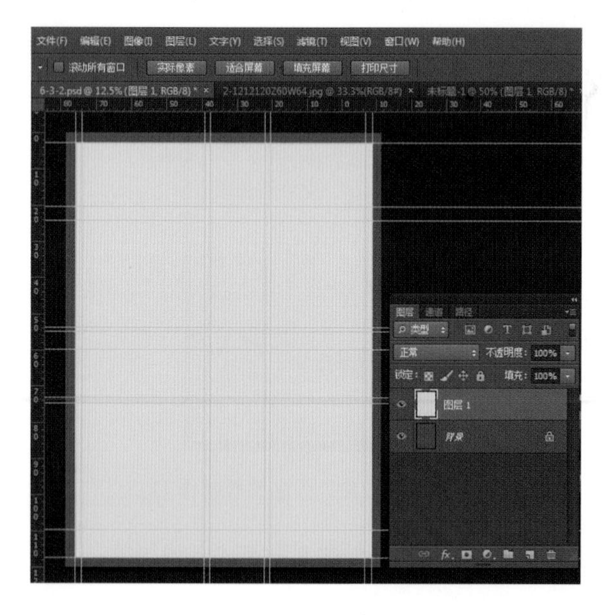

图 9–41　毕业设计作品展板制作 (5)

图 9–42　毕业设计作品展板制作 (6)

（7）如图 9–43 所示，新建“图层 3”，使用工具，借助辅助线，框选出相应区域，并填充相应颜色。

（8）如图 9–44 所示，使用工具在相应位置绘制出圆角矩形，并填充相应颜色。

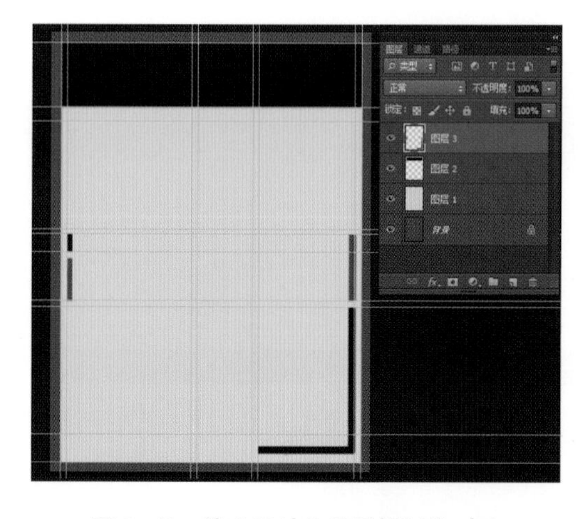

图 9–43　毕业设计作品展板制作（7）

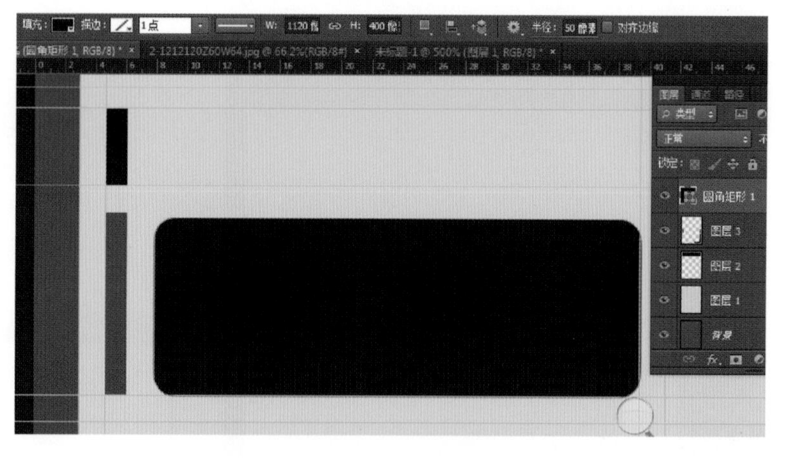

图 9–44　毕业设计作品展板制作 (8)

9.3.2　图层特效与图片排版

（1）打开本节提供的素材文件“吉祥符号”，拖拽到版面内，将其混合模式设为“划分”，并再复制出两个副本，缩放移动到适当位置，将多余的图案局部删除掉，效果如图 9–45 所示。

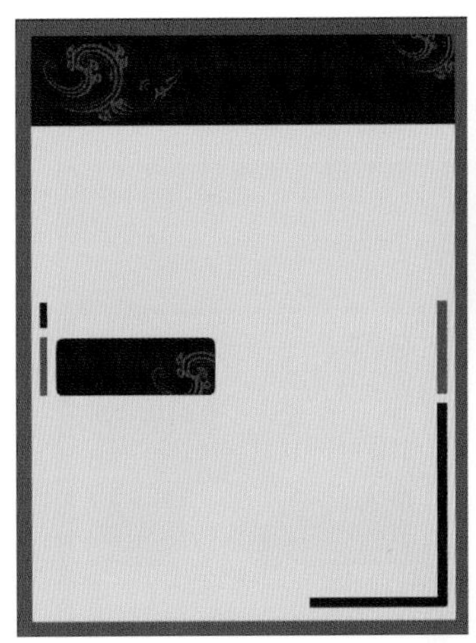

图 9–45 毕业设计作品展板制作（9）

（2）打开本节提供的“效果图”素材文件，拖拽到版面内，缩放移动到适当位置，效果如图 9–46 所示。

（3）打开本节提供的“CAD 平面图”“CAD 立面图 01–02”素材文件，拖拽到版面内，缩放移动到适当位置，将它们的图层混合模式设为“正片叠底”。根据构图需要将“CAD 平面图”下的圆角矩形通过“自由变换路径”命令进行缩放调整，效果如图 9–47 所示。

图 9–46 毕业设计作品展板制作（10）

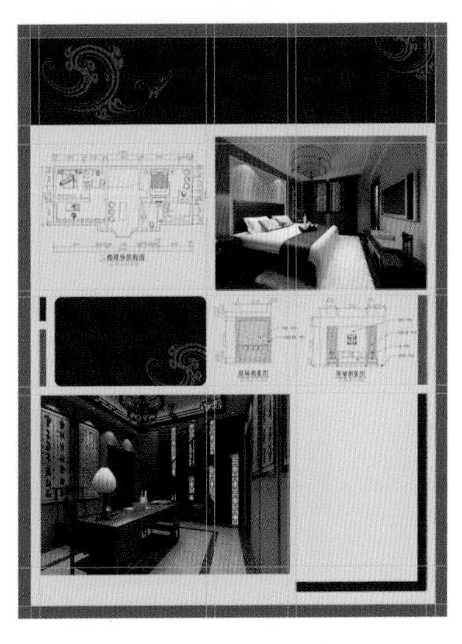

图 9–47 毕业设计作品展板制作（11）

（4）打开矢量标志制作一节中制作的“校标.jpeg”文件，执行“选择”→“色彩范围”命令，使用工具吸取标志的蓝色部分，用标题部分的背景色进行填充，效果如图 9–48 所示。

（5）拖拽“标志”到展板版面中，执行“编辑”→“变换”→“缩放”命令进行缩放调整，放置在相应位置，效果如图 9–49 所示。

图 9–48 毕业设计作品展板制作（12）

图 9–49 毕业设计作品展板制作（13）

（6）将标题处的“吉祥符号”图层复制一份，将其混合模式设为“正片叠底”，不透明度为 60%，缩放移动到适当位置，效果如图 9-50 所示。

图 9-50　毕业设计作品展板制作（14）

9.3.3　文字特效与文字排版

（1）使用 T 工具在图 9-51 所示的位置输入文字“天津轻工职业技术学院毕业设计”，选择适当的字体并调整字号大小。

图 9-51　毕业设计作品展板制作（15）

注意：本例使用的“方正汉真广标简体”字体，也可用其他美术字体替代。

（2）使用 T 工具在相应位置输入文字“汉韵唐风”，选择适当的字体并调整字号大小；在下行的副标题位置输入文字“——中式别墅室内设计”，选择适当的字体并调整字号大小，两行文字所在图层样式均设为“投影”，适当调整相应参数，效果如图 9-52 所示。

注意：本例主标题使用“叶根友行书繁”字体；副标题使用“方正美黑简体”字体，也可用其他美术字体替代。

（3）使用 T 工具在相应位置输入英文“INTERIOR DESIGN”，选择适当的字体并调整字号大小，设置图层不透明度为 60%，效果如图 9-53 所示。

图 9-52　毕业设计作品展板制作（16）

图 9-53　毕业设计作品展板制作（17）

(4) 使用 T 工具在版面适当位置输入段落文本“设计说明”、设计者、年级和指导教师等。选择适当的字体并调整字号大小。至此毕业设计作品展板制作完成。

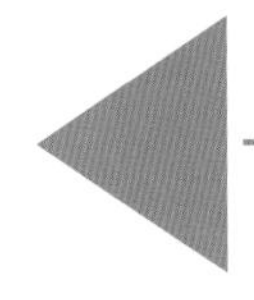

9.4 广告宣传单制作实例

本实例将通过 Photoshop CS6 的各项编辑命令来制作一份装饰公司的宣传单。宣传单成品如图 9-54 至图 9-56 所示。

图 9-54 宣传单成品图

图 9-55 宣传单正面图

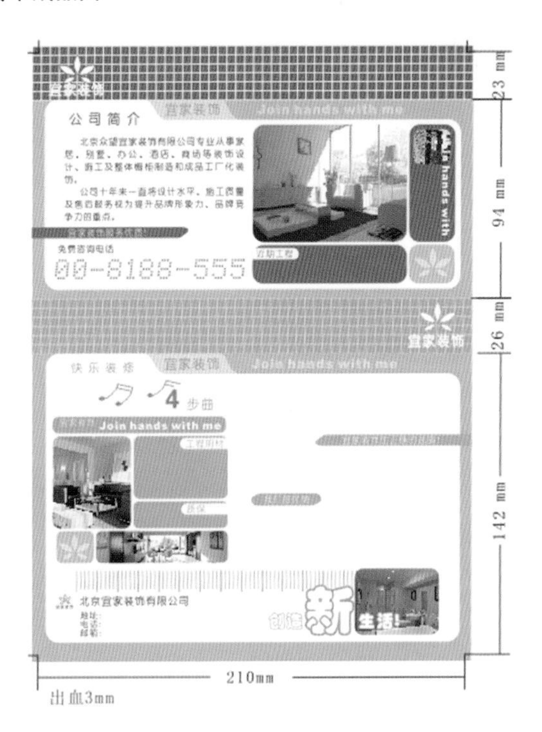

图 9-56 宣传单背面尺寸图

9.4.1 制作宣传单背面

（1）按【Ctrl+N】键打开“新建”对话框，新建一个空白图层，设置图 9–57 所示参数。

（2）依据尺寸图创建辅助线，使用🔍工具重复多次放大画面，直到移动辅助线时出现图 9–58 所示的刻度值。

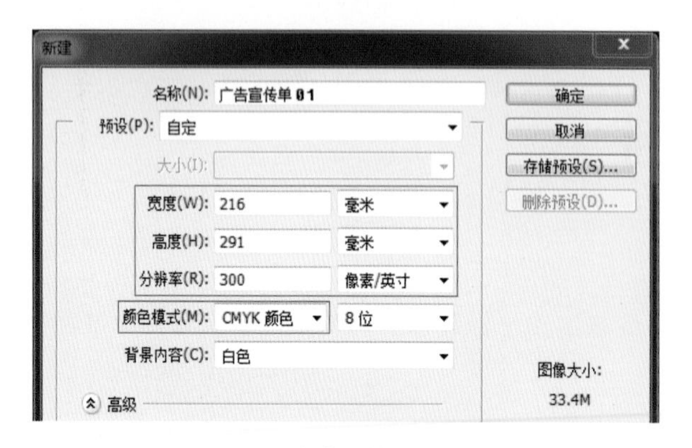

图 9–57 广告宣传单制作 (1)

图 9–58 广告宣传单制作 (2)

（3）按【Ctrl+N】键打开“新建”对话框，新建一个空白画布，设置图 9–59 所示参数。

（4）在◩中设置前景色 C、M、Y、K 分别为 29、69、44、0，对刚建立的画布进行填充。按【Ctrl+A】键全选图像，执行“编辑”→“描边”命令，设置描边宽度为 5 像素，效果如图 9–60 所示。

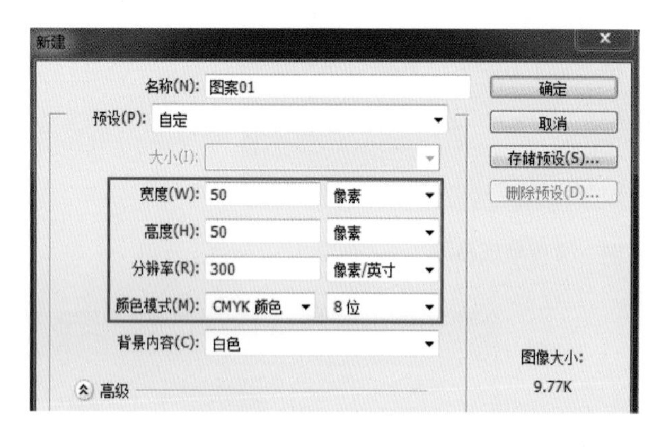

图 9–59 广告宣传单制作 (3)

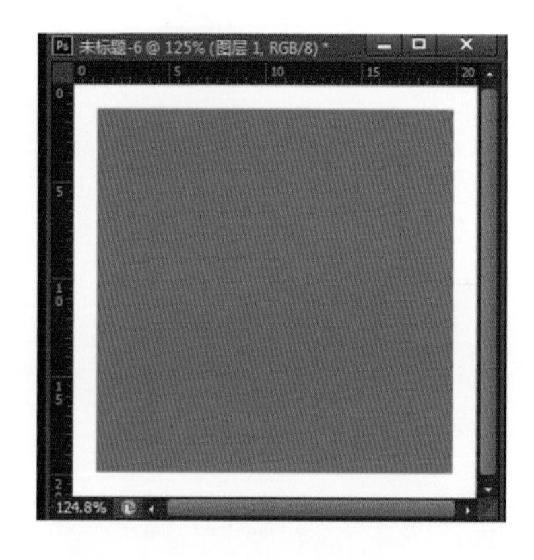

图 9–60 广告宣传单制作 (4)

（5）执行“编辑”→“定义图案”命令，名称为“图案 1”。

（6）选择“广告宣传单 01”图层，在图层面板上新建“图层 1”，使用⬚工具选择相应区域，按【Shift+F5】键按图 9–61 所示设置并填充。

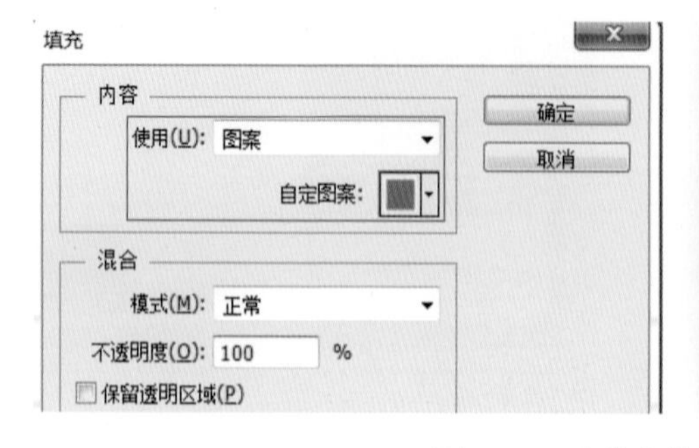

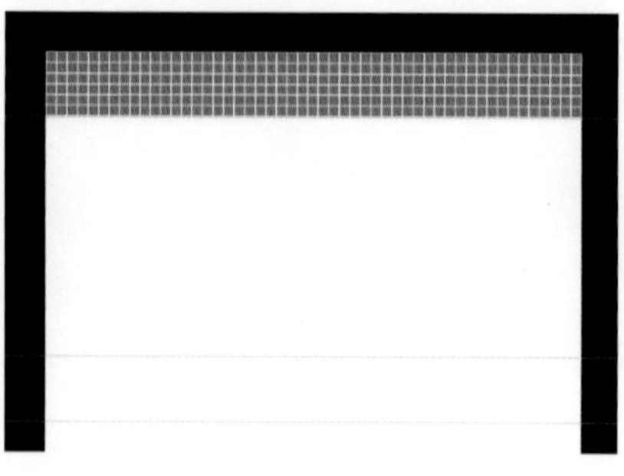

图 9–61 广告宣传单制作 (5)

（7）按【Ctrl+N】键打开“新建”对话框，新建一个空白画布，设置图 9-62 所示参数。

（8）在中设置前景色 C、M、Y、K 分别为 10、36、79、0，用前景色对刚建立的画布进行填充。按【Ctrl+A】键全选图像，执行“编辑”→“描边”命令，设置描边宽度为 5 像素，颜色的 C、M、Y、K 值分别为 28、23、23、0，效果如图 9-63 所示。

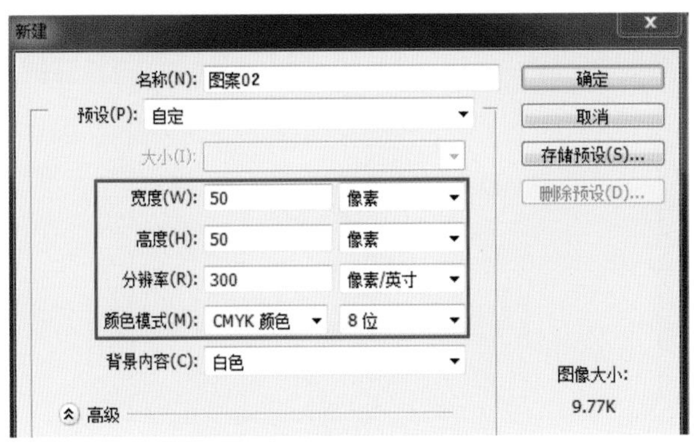

图 9-62　广告宣传单制作（6）

图 9-63　广告宣传单制作（7）

（9）执行“编辑”→“定义图案”命令，名称为“图案 2”。

（10）选择“广告宣传单 01”图层，在图层面板上新建“图层 2”，使用工具选择相应区域，按【Shift+F5】键按图 9-64 所示设置并填充。

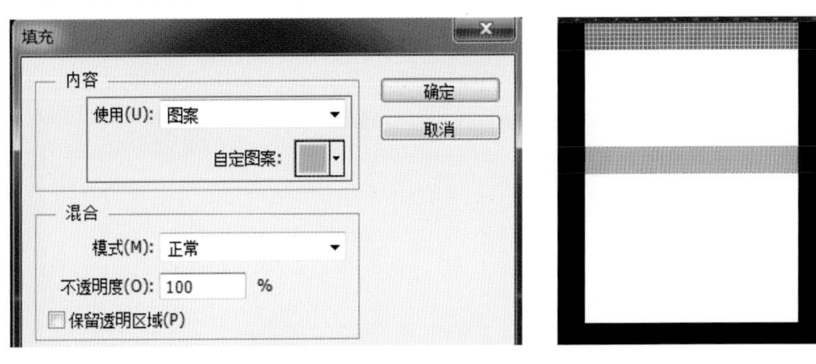

图 9-64　广告宣传单制作（8）

（11）在图层面板中选择背景图层，在中设置前景色的 C、M、Y、K 值分别为 28、22、21、0，对背景图层进行填充，效果如图 9-65 所示。

（12）在标尺上拖拽，创建出图 9-66 所示的辅助线。

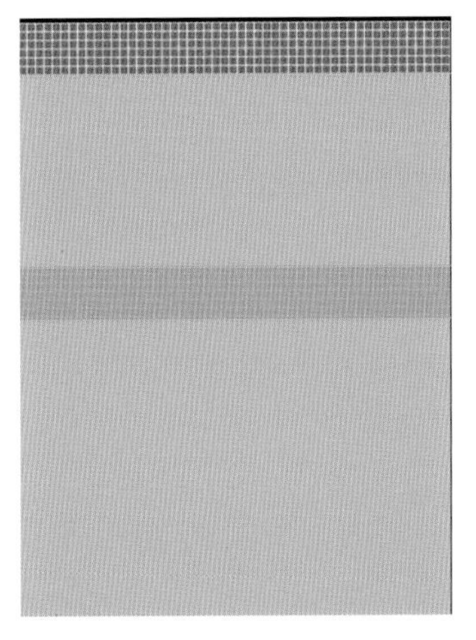

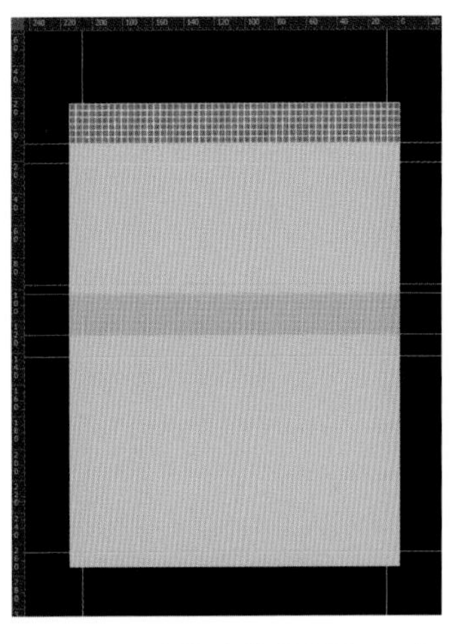

图 9-65　广告宣传单制作（9）　　图 9-66　广告宣传单制作（10）

（13）使用工具在辅助线的辅助下绘制出带圆角的矩形，导角半径值为 100 像素，创建效果如图 9-67 所示。

（14）使用工具在圆角矩形上添加锚点，通过编辑移动锚点，制作出图 9-68 所示的图形。

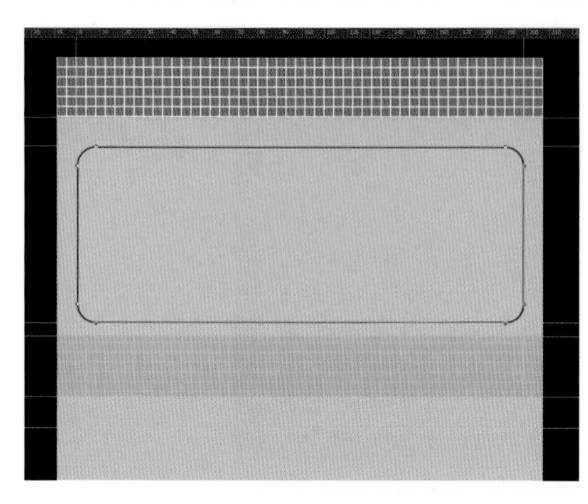

图 9-67　广告宣传单制作 (11)

图 9-68　广告宣传单制作 (12)

（15）将图形填充为白色，取消描边，效果如图 9-69 所示。

（16）在图层面板上将“圆角矩形 1”图层进行复制，使用工具将选择的“锚点”向右移动到适当位置，使用填充色（C、M、Y、K 值分别为 15、12、12、0）对其进行填充，效果如图 9-70 所示。

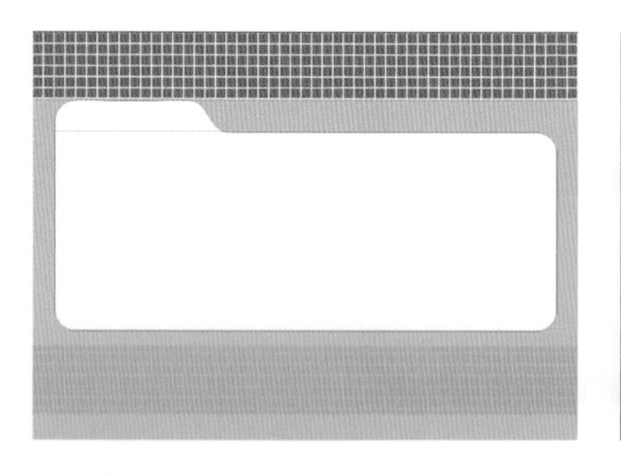

图 9-69　广告宣传单制作 (13)

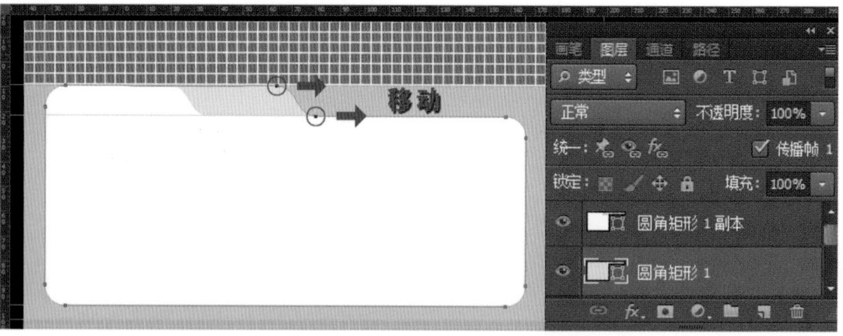

图 9-70　广告宣传单制作 (14)

（17）在图层面板上将“圆角矩形 1”和“圆角矩形 1 副本”图层进行复制，使用工具将“圆角矩形 1”和“圆角矩形 1 副本”向下移动到图 9-71 所示位置，使用工具将选择相应的锚点向下移动到适当位置。

（18）如图 9-72 所示，创建相应的辅助线。

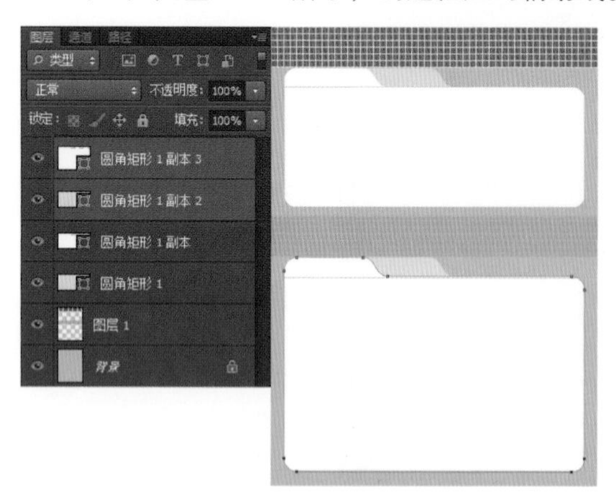

图 9-71　广告宣传单制作 (15)

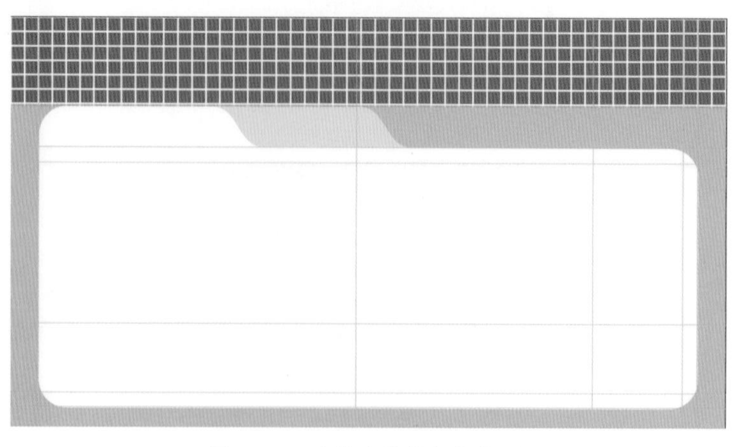

图 9-72　广告宣传单制作 (16)

(19) 如图 9-73 所示，将本节提供的素材文件“广告素材 01”拖拽到画布内，缩放并移动到适当的位置。使用工具在辅助线的辅助下绘制出带圆角的矩形，导角半径值为 60 像素。

(20) 使用工具选择刚建立的矩形，单击右键，在弹出的菜单中执行“建立选区”命令，按【Shift+Ctrl+I】键将选区反选，按【Delete】键删除“广告素材 01”图像中的多余部分，效果如图 9-74 所示。

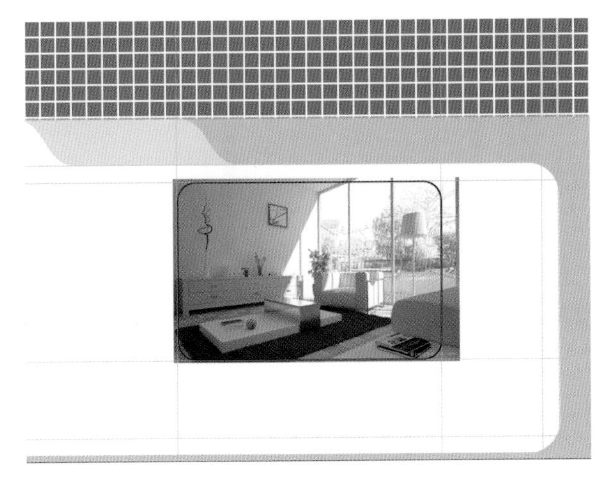

图 9-73 广告宣传单制作 (17)

图 9-74 广告宣传单制作 (18)

(21) 使用工具在辅助线的辅助下绘制出 3 个带圆角的矩形，如图 9-75 所示进行颜色填充。将本节提供的素材文件“广告素材 02”拖拽到画布内，缩放并移动到适当的位置，应用上一步骤中使用的方法对图像进行处理。

(22) 如图 9-76 所示，应用上一步骤中使用的方法对下半页中带圆角的矩形进行制作并对本节提供的素材文件“广告素材 03”“广告素材 04”“广告素材 05”进行相应处理。

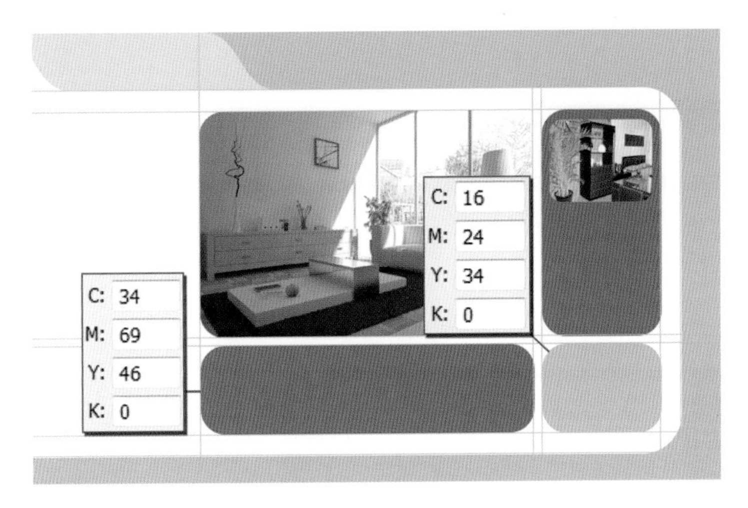

图 9-75 广告宣传单制作 (19)

图 9-76 广告宣传单制作 (20)

(23) 按【Ctrl+N】键打开“新建”对话框，新建一个空白图层，设置如图 9-77 所示。

(24) 在图层面板中新建“图层 1”图层，使用相应工具在画布上绘制图 9-78 所示的线条。

(25) 按【Alt+F9】键打开动作面板，单击按钮，在图层面板上将线条图层复制，如图 9-79 所示。

注意：新建“动作 1”后“开始录制”便开启，记录之后的动作。

(26) 用工具将复制的线条图层移动对齐到图 9-80 所示的位置。

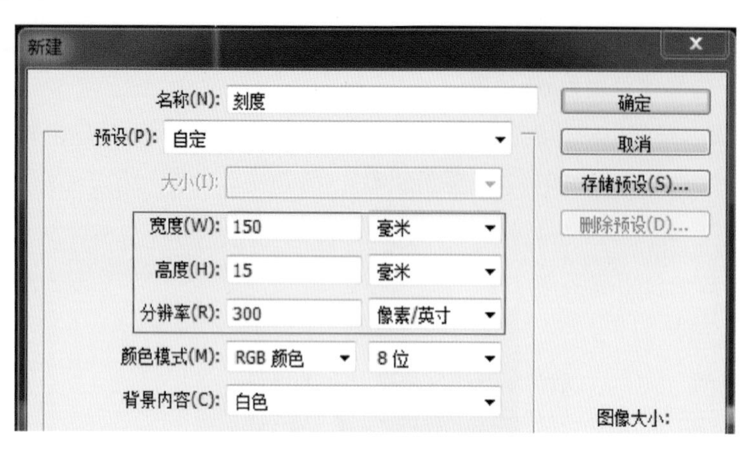

图 9-77　广告宣传单制作 (21)

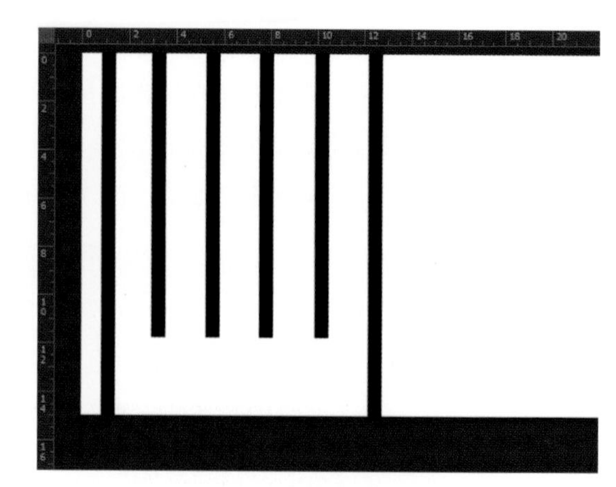

图 9-78　广告宣传单制作 (22)

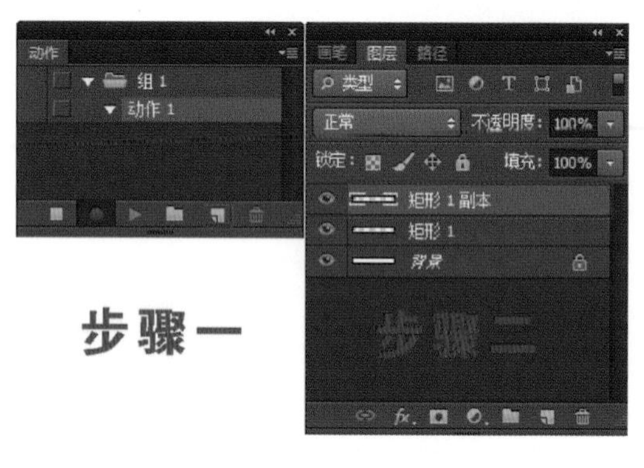

图 9-79　广告宣传单制作 (23)

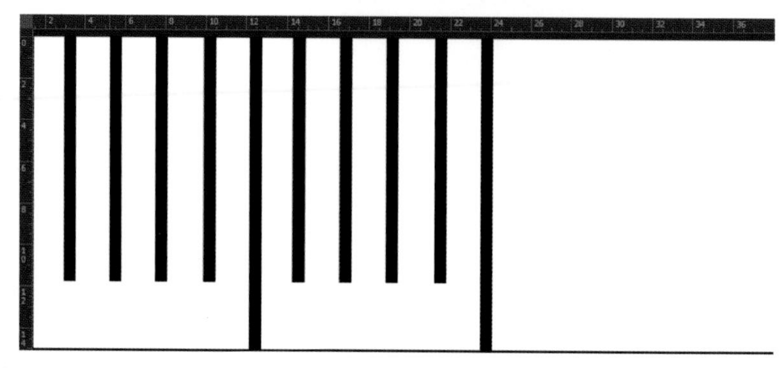

图 9-80　广告宣传单制作 (24)

(27) 单击动作面板中的■按钮，执行“停止播放/记录”命令。

(28) 单击动作面板中的▶按钮，执行“播放选定的动作”命令。继续重复执行该命令，直到完成图 9-81 所示的效果。

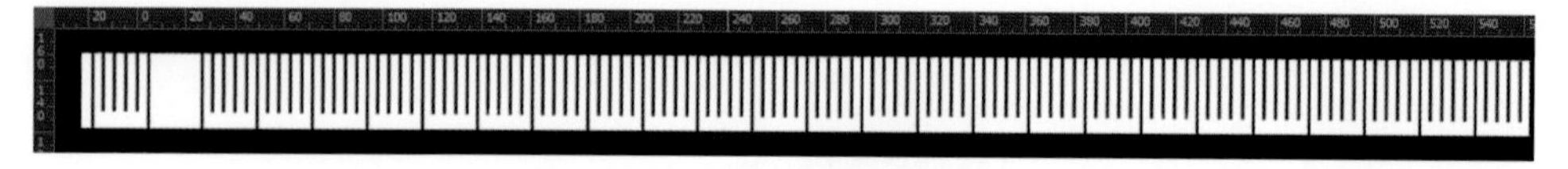

图 9-81　广告宣传单制作 (25)

(29) 将制作完成的刻度拖拽到广告宣传单画面内，使用⬚工具选择部分刻度，将多余部分删除，达到截短的目的。将图层的“填充”项设为 20%，效果如图 9-82 所示。

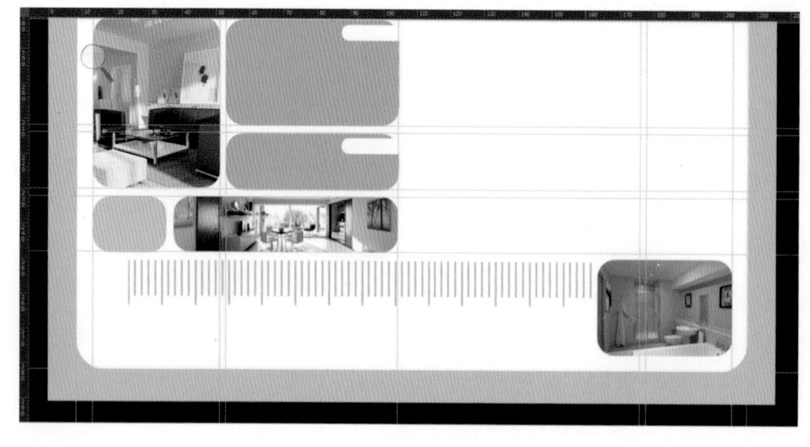

图 9-82　广告宣传单制作 (26)

9.4.2 制作宣传单正面

（1）按【Shift+Ctrl+S】键将“广告宣传单 01”文件另存为“广告宣传单 02”。按【Shift+Ctrl+E】键将所有图层合并，单击 ，将前景色的 C、M、Y、K 值分别设为 10、36、79、0，对背景图层进行填充。如图 9-83 所示，设置相应的参考线。

（2）在图层面板中新建“图层 1”，使用 工具选择相应区域，单击 ，将前景色的 C、M、Y、K 值分别设为 28、22、21、0，对已选区域进行填充，如图 9-84 所示。

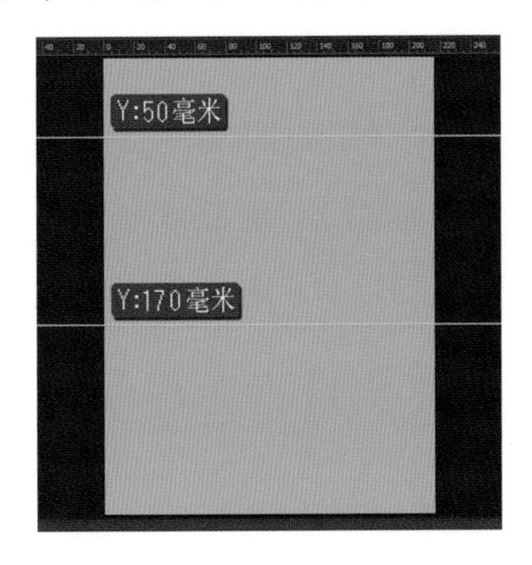

图 9-83 广告宣传单制作（27）

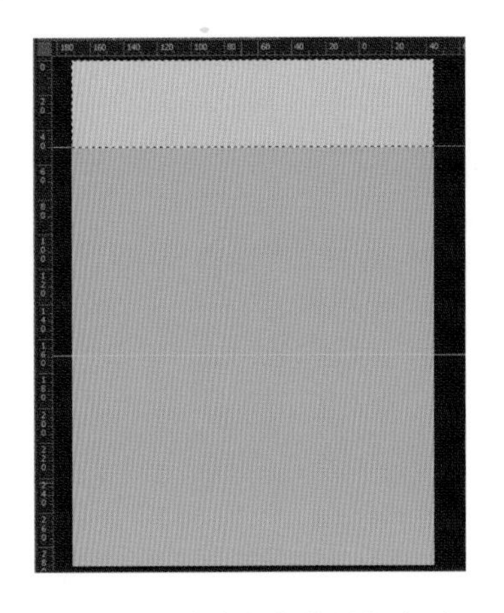

图 9-84 广告宣传单制作（28）

（3）使用 工具绘制出图 9-85 所示的带圆角的矩形并编辑相关的效果图素材图像，运用已掌握的多种编辑方法实现相应的效果。

图 9-85 广告宣传单制作（29）

参考文献
References

[1] 赵秀芳，路永，张艳红. Photoshop 全面掌握 [M] .北京：北京理工大学出版社，2009.

[2] 蒋斌. Photoshop 实用教程 [M] .北京：电子工业出版社，2004.